谷峰 / 主编

中国华侨出版社
北京

图书在版编目（CIP）数据

宇宙故事书 / 谷峰主编 . —北京：中国华侨出版社，2019.8

（探索之旅）

ISBN 978-7-5113-7888-0

Ⅰ . ①宇… Ⅱ . ①谷… Ⅲ . ①宇宙－普及读物 Ⅳ . ① P159-49

中国版本图书馆 CIP 数据核字（2019）第 116515 号

探索之旅：宇宙故事书

主　　编 / 谷　峰

责任编辑 / 刘雪涛

责任校对 / 孙　丽

经　　销 / 新华书店

开　　本 / 670 毫米 ×960 毫米　1/16　印张 /17　字数 /230 千字

印　　刷 / 三河市华润印刷有限公司

版　　次 / 2020 年 2 月第 1 版　2020 年 2 月第 1 次印刷

书　　号 / ISBN 978-7-5113-7888-0

定　　价 / 48.00 元

中国华侨出版社　北京市朝阳区西坝河东里 77 号楼 1 层底商 5 号　邮编：100028

法律顾问：陈鹰律师事务所

编辑部：（010）64443056　　64443979

发行部：（010）64443051　　传真：（010）64439708

网　址：www.oveaschin.com

E-mail：oveaschin@sina.com

前言

从哥白尼提出日心说那日算起，人类对宇宙进行了不间断的探索，已经持续了几百年。人们想弄清楚，宇宙到底有多大？宇宙到底是不是无限的？宇宙长什么样子？宇宙是怎样产生的？其未来如何演变？宇宙会不会有终结的一天？这些问题，永远都摆在人类面前，就像追人类的起源一样，无法回避。

事实上，要回答这些问题并不是一件容易的事。到现在为止，人类依然不知道其中很多问题的答案，即便人们已经知道了答案，要把它们表述出来也不是一件容易的事。

宇宙学是一门研究宇宙的学科，它也是世界上最古老的学科之一。数千年来，天文学家、物理学家们对宇宙进行了孜孜不倦的研究，取得了丰硕的成果。到了现代，伴随着科学技术的进步，宇宙学也发展到了现代宇宙学这个阶段。

所谓的现代宇宙学主要由两方面组成：第一个方面是观测宇宙学，它主要的任务是对宇宙天象进行观测、研究，比如发现新的行星、恒星等；第二个方面是物理宇宙学，它主要侧重于研究宇宙间各星球、各物质以及时间或空间中蕴含的运动学、动力学等物理学方面的知识。比如说天体运动、量子力学以及建立宇宙模型，等等。这两方面并非独立存在，而是紧密相连的，它们共同支撑起了神秘复杂的宇宙研究。

近年来，宇宙学的发展越来越快，各种科研成果层出不穷。但是，人类对于宇宙依然知之甚少。即使是在科学界，为数众多的科学家对宇宙诞生的大爆炸理论也存在着很多的迷惑、误解甚至是反对。在过去，很多科学家认为“宇宙起源于大爆炸”是一种毫无证据的臆造，但是，近年来越来越多的资料、数据证明，这一观点极有可能是正确的，而它也成为现今科学界的主流理论。

另外，社会上的人们对于自己是不是宇宙中唯一存在的智能生命而争论不休。关于外星人的目击报告层出不穷，很多人声称自己见过或者接触过外星人，言之凿凿。其中比较著名的有莫斯科事件、火星金字塔事件，等等。尽管不少科学家们认为与外星人的第三类接触是一种心理作用，但是，人们对于外星高等生命的探索，几百年来从未停息。

对于这些神秘莫测的宇宙学知识，无论是专业人士，还是好奇心极强的青少年们，都是一门颇具探索欲望的学科。由于宇宙研究本身涉及的天体、物理等方面诸多高深的知识，其中很多理论都非常晦涩、复杂，编者查阅了很多资料，选取了诸多专家、学者的理论和观点，并尽量以通俗易懂的语言，将整个宇宙大爆炸理论以及宇宙模型尽可能直观地呈现给读者朋友们。由于编者水平有限，书中谬误在所难免，欢迎读者们指正。

目录

探索宇宙的本原

时间和空间的奥秘

无情的黑洞

多姿多彩的天体

太阳的秘密

地球的兄弟姐妹

相依为命的地与月

莫须有的外星来客

外星人的真面目

超科技的UFO

人类的宇宙探索史

[探索宇宙的本原]

宇宙的真实面目

在人生旅途中，我们常常会萌生出一种渺小感，感觉自己被命运所主宰，感觉凭借自己的力量是无法了解宇宙的真实面目的，事实确实如此，即使在科技发达的今天，人类对于宇宙的探索仍然停留在最初的阶段。我们生存的这个世界，它的本真是什么？宇宙是如何存在的？它是一个封闭的真空空间吗？宇宙外会不会还有另一个“宇宙”存在？宇宙虽然浩瀚无边，但它会不会是另一个“宇宙”的毛细血管？精神世界是虚无缥缈的，它和宇宙有什么样的联系？

在人类出现很久以前，整个宇宙都是空荡荡的，没有边际，也没有生命，有的地方一片黑暗，有的地方却又非常耀眼。在宇宙的中央有个宇宙核——如今很多人把它称作宇宙本原——宇宙核是一个高频的能量团，炙热、耀眼，它安详地躺在宇宙中，像是睡着了一样。

睡了很久以后，高频的能量团中出现了一些细微的变化——低频能量开始出现，而这些能量具有所谓的“自主意识”，它们会问：“我们是谁？”“这是哪里？”……当然，对于宇宙本原来说，这些低频能量就像是它的孩子，也是本原的一部分，所以为了满足这些孩子，让它们去寻求答案，于是宇宙本原选择了爆炸，新的宇宙开始形成。

宇宙本原爆炸后，分裂成无数的碎片，而且能量团有高频、有低频，其中比较接近宇宙本原的高频能量团就会带有宇宙本原的性质，如炙热、发光；一些能量团则以光的形态存在，也带有光的性质，如温暖；有些是以水的形态存在的，性质无色无味、没有温度；有些是以大原子核的物质、小原子核的物质特征存在的；有些是细微的分子……这些被分裂的能量团通过各种方式进行组合，然后形成了新的宇宙。

根据能量守恒定律可知，能量是不会消亡的，它只会以各种方式来呈现。尤其是那些低频能量，它们中有的开始通过组合形成人类的肉体躯壳、动物的肉体躯壳等，给予躯壳以生命后，便开始去寻求答案。

在这个过程中，能量的旅途风光是非常丰富多彩的。比如经历过生和死、创造和毁灭、分开和相逢等；有着种种颜色，如红橙黄绿蓝靛紫等；产生种种声音，嘈杂的、没有规律的，或者噪声等；还有种种气味，如香、臭……这些都是成对的、“二元”的存在，就像是黑与白、香与臭等，它们本身并不是“对立”，而是为了帮助寻找答案存在的。

二元对立，必然会引起能量的某些情绪，如爱、恨、恐惧、担忧、烦恼等，这些情绪本身也是能量，是会永远存在的，当然，它们也可以通过组合转化为另外的一种形式。这些能量逐渐通过过滤，使得对立更加尖锐，情绪更多，能量变得更加不稳定，因而才会一次次地更换躯壳。

如今，很多人都通过拥有物质来证明成功，然而宇宙中的一切都是能量，从这点来说，“物质”是不存在的。

宇宙到底是什么样子？我们所见到的是不是真实的宇宙？宇宙中除了那些明眼可见的天体外，还会存在什么呢？有没有这种可能，即真实的宇宙是隐藏起来的，就像暗物质一样？这些问题目前尚无定论。不过，著名天文学家霍金曾这样描述宇宙：宇宙是有限的，也是无界的。这点和地球很相似，地球也是有限而无界的。在地球上，无论是从南极走到北极，还是从北极走到南极，都无法找到地球的边界，但不能因此就认为地球是无限的。我们知道地球是有限的，那么宇宙也是如此。

漏洞百出的大爆炸理论

宇宙是怎样形成的，又是如何发展的？宇宙是静止的，还是运动的？宇宙在形成之前是什么样的？宇宙会逐渐膨胀或者收缩吗？在宇宙外是否还有另一个宇宙？……对于宇宙，我们总是会有无数的问题，现在我们就来探讨一下宇宙的起源。

如今，大多数科学家都非常认同“大爆炸理论”，认为宇宙是由一个密度超大且炙热的质点爆炸后膨胀到现在这种样子的。根据科学家的推算，宇宙大约在 140 亿年前形成。按照大爆炸理论，早期的宇宙是由数量很多的微观粒子构成的气体，密度超大、炙热，而且在不断地膨胀。后来，宇宙中又产生了原子核、恒星、原子等。

1929 年，埃德温·哈勃发现了一个奇怪的现象：不管从哪个方向来看，远方的星系离我们都越来越远，也就是说，宇宙在不断地向外膨胀。哈勃认为，早先的宇宙星体之间可能距离很近，甚至会在同一个地方。哈勃的这个发现奠定了宇宙学的基础，同时也暗示了大爆炸理论的合理性。之后，科学家们对“大爆炸理论”不断地进行研究、补充。1932 年，勒梅特提出，宇宙可能是由“原始火球”爆炸而形成的。1948 年前后，伽莫夫又提出了“热大爆炸”的理论。伽莫夫认为，宇宙的爆炸并不是我们常见的以某个点为中心，然后向四周不断地炸开的那种形式，而是在宇宙中每处空间都有爆炸点，也就是说，爆炸充满了整个宇宙。1965年，美国科学家彭齐亚斯和威尔逊发现了微波背景辐射，这就有力地证明了“热大爆炸理论”。从那以后，大爆炸理论得到众多科学家的认可。

然而，还是有不少科学家认为这种理论并不靠谱，漏洞非常多，为此他们争议不断，那么大爆炸理论存在哪些漏洞呢？

第一，大爆炸理论说宇宙诞生前是个非常小的点，关于这个点的说法很多，有的科学家认为是没有体积的点，但若是没有体积的话，也就不存在“点”了。即使存在这个点，那么这个点为什么会爆炸呢，而且爆炸后还产生了时间、空间、物质等？

第二，大爆炸理论认为宇宙从140亿年前爆炸后就不断地膨胀，因而这里就会出现一个问题，那就是究竟是什么力量促使宇宙不断地膨胀下去。我们知道，自然界中存在引力、电磁力、弱相互作用、强相互作用四种力，至于其他力，科学家仍在不断地寻找，而已知的四种力都不能作为宇宙膨胀的动力。因此说，这也是让人疑惑的问题之一。

第三，关于时间和空间。按照大爆炸理论，时间和空间是随着大爆炸后出现的物质而出现的，即时间会随着物质一秒秒产生，空间会随着物质一点点出现，物质不断膨胀，时间和空间就会越来越多。而现在宇宙已经膨胀了100多亿年，目前还在不断地膨胀，膨胀到什么范围，什么范围内就会产生时间和空间。也就是说，未来还会有很多的时间和空间出现。

时间和空间是随膨胀的物质开始产生的，这个说法听起来很玄乎，因此有些科学家认为这很难让人信服。按照大爆炸理论，如果宇宙开始收缩，那么时间和空间也会逐渐收缩进而消失。而我们认为，时间是不断向前走的，不会倒退，即使宇宙开始收缩，也应当如此。因此，有些科学家便认为物质和时空是可以分离的，时间和空间是客观存在的，即使物质消灭（物质是不灭的），时间和空间仍会存在。

第四，唯物主义认为，宇宙中的物质是不可以被消灭的，只会转移、转化为另一种形式、形态。物质既然不灭，那么物质的运动就不会停止，而且运动的物体具有能量，同时运动需要时间和空间，要是没有时间和空间，物质运动就有些不可思议了。所以有科学家认为，时间、空间、物质、能量都是永远存在的。宇宙本来就是存在的，物质在宇宙中不断地变化，这些都不以人的主观愿望而发生改变。而大爆炸理论认为物质是会消灭的，能量会消失，宇宙会消失，时间和空间也会消失，什么都会变成无。这两种观点是矛盾的、对立的、不可统一的。

第五，暗物质。暗物质是科学家为了解释恒星之所以高速运转而没有分崩离析推测出来的，但到目前为止，还没有发现暗物质的存在。对于什么是暗物质，目前还缺乏定论。如果认为看不见的、观察不到的就叫暗物质，那么宇宙中的黑洞、红外线、X 射线等是不是都可以称为暗物质呢？

我们知道，氢气是人体组成中最多的元素，也是我们非常熟悉的气体，目前已知宇宙成分的 90% 以上都是氢气，而且科学家又认为宇宙的 90% 是暗物质，按照这个比例，可以推测暗物质也只能是氢气和氢气演变物。宇宙原动力来自氢气物质，而物质又是不灭的，那么这就与宇宙大爆炸理论的观点相冲突了。

面对宇宙，人类总是感慨自身的渺小，因而不断地追寻宇宙的本原，希望能够解开宇宙之谜。然而，目前更多的只是推测，而没有找到直接的证据，如黑洞、暗物质等，就算是大爆炸理论，也只是通过间接的推测得出的，究竟是不是那么一回事，现在谁也不敢保证，只不过这种说法得到了大多数科学家的认同而已。大爆炸理论还存在着很多漏洞，需要更有力的证据来说服人们。当然，这更需要科学家进一步的探索，也许未来会出现一个新的观点来代替大爆炸理论，也许宇宙确实是由于大爆炸而形成的。总之，一切都会水落石出的。

宇宙的尽头

我们知道，地球是有尽头的，虽然找不到它的起点和终点；同样，太阳也是有尽头的，银河系也是有尽头的，那么宇宙有没有尽头呢？如果有，宇宙的尽头之外是什么呢？是一片虚无吗？如果没有尽头，难道宇宙就这样一直延伸下去吗？有人猜想，我们所处的宇宙不过就是某种生物毛发上的一粒灰尘而已，而只要这种生物甩动下毛发，那么这粒灰尘就会落下来，宇宙就会毁灭。当然，这只是一种猜想，不过，我们对宇宙的探索不就是由猜想开始的吗？

抬眼望去，宇宙浩瀚无边，更有着数不清的类似于银河那样的星系。随着科技的发展，人类所能观察到的宇宙范围也越来越广，目前发现离人类最远的星系，大约处于 137 亿光年的宇宙边缘。

这个星系是在 1999 年由美国纽约州立大学的一个研究组发现的，他们耗时两年，利用哈勃太空望远镜仔细观察，并用计算机进行科学处理，排出了这个星系周围的众多天体图像，由此找到了这个目前所发现的最为古老的星系。通过计算后发现，该星系离地球约 137 亿光年，由此可以想象宇宙是多么的深邃。

由距离可知，这个星系是在宇宙大爆炸后不久出现的，它对于我们研究宇宙的起源、演化等都有着极其重要的意义。我们若想知道地球上几亿年前发生了什么，要依据什么呢？答案是：化石。该星系就像化石一样，如果能够破解“化石”，那么将对我们探索宇宙产生深远的意义。

现在很多科学家都觉得宇宙并不是无限的，而是有限的，但是它的边界在哪里，却无法得知。因此有科学家认为，靠近宇宙尽头的时空都是扭曲的，我们能够靠近它，却无法到达。

按照被众多科学家认可的“宇宙膨胀说”来说，宇宙仍然在不断地膨胀着，也就是说宇宙仍然在不断地变大、延伸，因此我们无法得知它的尽头在哪里。也许有一天，宇宙不再膨胀了，我们就能得知宇宙的尽头在哪里了。当然，这还需要有未来的科技发展来支撑，以目前人类的科技实力是做不到的。

宇宙有没有尽头？宇宙之外是什么？是另一个宇宙吗？这些问题自从人类将目光望向太空以来就存在了，但是经过这么多年的探索，仍然所得有限。探索宇宙奥秘的道路艰辛而漫长，但是只要坚持不懈，随着科技的不断进步，人们总会找到宇宙的“尽头”。

宇宙的中心

宇宙浩瀚无垠，那么宇宙有没有中心呢？从古至今，人类不断地探索、研究，关于宇宙中心的说法也在不断地演变，最早提出的是地心说。

地球说是由古希腊天文学家亚里士多德提出的，不久后，另一位天文学家托勒密则补充完善了亚里士多德的观点，并创立了完整的地心宇宙体系——托勒密体系。

地心说认为：地球是宇宙的中心，所有星体大约 1 天围绕地球公转 1 周。这个理论符合人们的直观感受，因而很多人接受了这个说法，当时中世纪欧洲教会还利用地心说来为自己服务，控制人们的意识。地心说被当作正式的宇宙观，地球是宇宙的中心说法延续了 1000 多年。

后来，随着科技的不断进步，科学家们对宇宙有了更深层次的认识，地心说逐渐暴露出很多问题，因此被科学家们质疑，但是由于这种观点得到了教会的认可，因而科学家们即使怀疑，也没有提出来，最后由波兰科学家尼古拉·哥白尼掀起了反对地心说的热潮。

1496 年，哥白尼前往意大利求学，他勤奋好学，尤其喜欢古希腊的哲学著作，并且从中获得了关于太阳中心说的知识，这为他以后反对地心说奠定了思想基础。哥白尼在教堂担当牧师期间，为了研究宇宙，就在教堂的箭楼上设置了一个天文台。为了能够更好地观测宇宙，他还亲自设计制造了许多仪器。通过 30 年的观察，他发现地球本身在不停地转动，太阳、月亮的升落也是地球自转的结果，一年四季有序变化则是地球公转的反映。根据观察结果，哥白尼编写了《天体运行论》，第一次提出日心说。日心说认为：太阳是宇宙的中心，一切星体包括地球都是围绕太阳运动的。

这种观点完全否认了地心说，而教会把地心说当作控制人们意识的手段，因而这种说法被教会当作邪说。哥白尼和他的学生经过多年努力宣传，这本书终于得以出版，但教会千方百计地禁止日心说的传播，迫害那些相信日心说的人。

布鲁诺是意大利科学家，他进一步完善和丰富了哥白尼的日心说，最后被教会裁判所活活烧死。不久后，同是意大利科学家的伽利略也加入了宣传日心说的行列。他制作了高倍率的望远镜，发现月亮、金星、木星等都围绕着太阳运动，这进一步证明了哥白尼日心说的正确。伽利略因为宣传日心说遭到了教会的警告，但是他毫不畏惧，并且出版了《关于托勒密和哥白尼两大世界体系的对话》一书，由此，哥白尼的日心说得到越来越多人的认可。

但是不久后日心说也遭到了人们的质疑，随着科技的进步，科学家能够观测到更远的天空，突破恒星天层，发现银河系，这时科学家们觉得银河系才是宇宙的中心。银河系是宇宙中心的说法提出后不久，科学家们又发现了许许多多的河外星系，发现宇宙浩瀚无边，这段时间宇宙大爆炸理论、黑洞、宇宙膨胀说等观点相继提出，尤其是宇宙膨胀说彻底否定了银河系中心说的观点。众多科学家开始认为宇宙是无限的，是没有中心的。

宇宙是不断地膨胀的，宇宙中的各个星系都在互相远离，离得越远的星系远离的速度越快，无论你处于宇宙中的任何一个位置都会发现，四周所有的星系都在不断地远离。宇宙就像不断扩展的房间，房间中的桌椅即各种星体并不是固定的，而是在彼此不断地远离，你坐在哪把椅子上都会发现，其他桌椅逐渐地远离你，而且位置越远的桌椅远离的速度越快。这是因为房间在不断地膨胀，这样的话，就无法知道房间的中心是在哪里。

关于宇宙是否能够一直膨胀下去，科学家并没有给出明确的答案，因为按照现有的技术条件和观测结果还得不出确定的结论，科学家只能根据已有的事实进行推断或者猜测。那么，假设一下，如果宇宙停止膨胀，科学家也许能够找出宇宙的中心。当然，也有不少科学家根据很多星系的中心是黑洞，因而推断宇宙的中心也是个黑洞；有的科学家认为，宇宙的任何一个位置都是中心；还有的科学家认为，宇宙中心是纯正的暗物质；甚至有的科学家认为宇宙的中心是空气……科学家们众说纷纭，莫衷一是。至于宇宙是否有中心，中心是什么，只能继续等待科学家们的研究，也许等到科技进步到一定程度时，这个谜底就能够被揭开了。

宇宙的大小与年龄

随着人类登上月球，人们对于宇宙的探索掀起了新的热潮，于是人们开始探测火星、木星等，但是对宇宙越是了解，人们越是惊讶于宇宙的宽广无边，因而有人开始问：宇宙究竟有多大？宇宙能够存在多久？

曾有人这样解释宇宙有多大：将一枚硬币放在面前，假设这枚硬币就是太阳，那么离“太阳”最近的恒星比邻星这枚硬币，就该放在563千米之外，即假设你在山东，那么这枚硬币就要摆到上海去。这只是离太阳最近的一个恒星，当你将视线转移到更宽广的宇宙空间时，就会发现无法用硬币来表示宇宙有多大了。如太阳离地球的平均距离约为1.5亿千米，那么这枚硬币该摆在哪儿呢？何况宇宙中有上千亿个星系，那么，该如何测量宇宙有多大呢？

20世纪初，人们认为宇宙约为23000光年。1914年，人们则认为是10万光年。1929年，美国科学家经过测量得知，地球与最近的仙女座星系约相距230万光年。这个距离不断地被拉大，1973年，科学家发现一些距离地球约120亿光年的类星体，而这些类星体正在以接近光速的速度远离我们。目前，科学家能够观测到的最远天体是137亿光年前的一颗类星体。2005年，有科学家推断出宇宙的半径为457亿光年。

也就是说，20世纪初，银河系是人们仅知道的星系，但是随着时间的流逝，人们发现银河系只不过是宇宙的千万亿分之一而已。所以，没人能知道宇宙究竟有多大，又或许随着科技的不断进步，人们会发现我们如今所知的宇宙只不过是宇宙中很小的一部分。

有的科学家认为，宇宙的长度至少为1560亿光年。这个数据只是科学家的推测，实际上宇宙有多大，至今仍没有准确的答案。下面我们来看一下宇宙的年龄，以及宇宙还会存在多久。

按照大爆炸理论，宇宙的年龄大约是172亿年，然而这一数据在不断地更新，霍金的《时间简史》一书出版多次，每次出版都进行了修订，宇宙的年龄也因此多次改动。随着科技的进步，科学家能够观测到的距离越来越远。2006年，美国《科学》杂志称宇宙年龄为157亿年。

至于宇宙的寿命，美国斯坦福大学的天体物理学家安德雷·林德说，宇宙的寿命还有110亿年。但是最近林德又说，目前宇宙只度过了生命的1/3左右。也就是说，宇宙还能存在240亿年左右。

认识宇宙是个艰难而复杂的过程，即使在科技相对发达的今天，人们对宇宙的了解也是十分有限的，未能认识到宇宙的“庐山真面目”，所以对于宇宙有多大、宇宙存在的年龄及还能存在多久等问题，并不能提供确切的答案。

因此，宇宙也许是无限大的，因为它在不断膨胀。而宇宙的年龄是通过观测最古老的星体推断得出的，对于宇宙还能存在多久，会不会有一天就消失了这个问题目前还无法回答，科学家推断出的宇宙寿命也并非是完全正确的。但是随着人类对宇宙的了解逐渐加深，这些问题在未来也许会迎刃而解。

三维宇宙与多维宇宙

假设你在打台球，球进了，那么这个球就看不到了，但是我们知道这个球是存在的，而如果换成动物来看，这个球就消失了。这是因为人能够看到三维空间，而动物只能看到二维空间。我们可以再举个例子，以加深了解。如一只蚂蚁在地上行走，它只能向前向后，或者向左向右走，高与低对蚂蚁来说没有任何意义。而对人来说，高和低是存在的、是有意义的，因为我们的世界是由四维组成的，但是我们也难以察觉到四维以外的维，因而也难以知道宇宙到底是几维空间。

“维”是一种度量，是物理学中常用的参数。很多人认为宇宙是四维空间：一维空间是个直线坐标轴，类似于数轴；二维空间是个平面坐标轴；三维空间是个空间坐标轴，有长、宽、高；四维空间就是指在三维空间的基础上加上时间轴。四维空间得到了众多科学家的认同，这个理论是爱因斯坦提出来的，但是人身处地球之上，因此可以说是三维空间。

宇宙真的是四维空间吗？还会不会存在五维空间、七维空间、十维空间？如果存在，依据又是什么呢？

事实上，在 20 世纪 60 年代科学家就提出了超弦理论，也叫宇宙鞭子理论。这个理论认为，在每个基本粒子内部都有一条细细的线，就像光线一样，科学家把它称作“弦”。科学家认为，粒子的性质不同源于弦的震动模式不同，如弦震动得越厉害，粒子的能量就会越大；反之，则越小。这一点很好理解，就是宇宙中存在着不少细细的管子，这些管子的能量非常大，甚至可以造成时空的巨大弯曲。

美国天文学家里查德·格特曾说："宇宙弦的运动非常复杂，但它们又是非常简单的，它们都没有起始点，就像是一个圆环一样。两种弦理论是互不干涉的。由于它们都能够给时空带来弯曲，因而理论上为时空隧道的存在提供了依据。但是要掌握这点，是需要'高级文明的'，以人类的文明要发展到这点还有很远的道路要走，因为我们连地球上的能源都控制不了，如何掌握弦呢？"弦运动是非常复杂的，在地球这种三维空间是很难想象的。

如今，按照弦理论，有不少科学家推断出了十维空间结构，当然还有些科学家甚至算出了二十六维空间。由此可知，我们所知道的三维空间是宇宙中最简单的一种情境，而宇宙中的时空维数是比三维更加复杂且高级的。

有科学家推断，其实宇宙是由三个平行世界组成的，即过去、现在和未来，三个世界一般不会相互影响，但是又存在着通道，而这个通道我们是无法看到的，人们把它称作时空隧道，地球上发生的很多离奇事件，最终只能用时空隧道来解释。这样，每个世界有三个维度，再加上一个时间维度，正好是十维空间。当然，这只是某些科学家的推测。

假设十维空间存在，那么就会产生一系列问题，即我们为什么只能感受到三维空间和时间呢？剩下的六维在哪儿呢？如何感知它们呢？事实上，这些维数也只是科学家根据弦理论推算出来的，而宇宙中的维数和推算出来的维数是不是一样的，谁也不知道。甚至有些科学家认为，之所以感受不到其他维数，是因为它们隐藏起来了。当然，也有科学家质疑弦理论，认为这种理论是虚构的，会对真实世界产生一定的困扰。更有科学家推断，在宇宙逐渐膨胀的过程中，三维和七维的宇宙是最稳定的。

你可能很难理解这些维数，那么可以看一下这个例子：买车的时候，你会查看车子空间的大小，会看车子的发动机、变速箱、车型等，你可以把这些当作是宇宙的其他空间形式，这样就好理解了。

由此便可以知道宇宙是多维空间的，至少是四维空间，不过究竟是几维空间，还无法得知。

宇宙中可能存在生命的地方

地球是人类赖以生存的家园，人类的生存必须依靠地球上的各种资源，如水资源，然而很多能源都是不可再生的，即使是可再生的，其生长速度也跟不上人类消耗资源的速度，长此以往，人类必然会面临资源匮乏的局面。为了人类的可持续发展，科学家一直在寻找除地球外的适合人类生存的地方。那么，在宇宙中，除了地球外，还有什么地方可能存在生命呢？

红巨星：人类能够在地球上生存，是因为地球上有水资源，而且地球的位置很恰当，即如果地球离太阳近些，那么地球上的水就会被蒸发掉；如果距离太阳很远，那么地球就会被冻成冰球。科学家在研究中发现，有个地方可能会存在水，那就是冰封的卫星或者外行星。但是既然是冰封的，该如何解冻呢？科学家注意到在恒星寿命快到终点时，恒星会进入红巨星阶段，体积快速膨胀，产生辐射，辐射能够让恒星上的冰层融化成液态水，而水是孕育生命的必要条件之一。

陨石：目前关于陨石的记载有两万多份，科学家发现这些陨石中含有有机化合物。如 1996 年，有科学家称在火星陨石中发现了微化石的强有力证据，这一证据表明在火星上可能存在生命，不过至今关于火星是否有生命这一问题还没有明确的结论。如果陨石所在的星体存在生命的说法能够得到验证，那么人类就有可能在这个星体上生存。

火星：在很多科学家看来，火星是最有可能存在生命的地方，但是长期以来，人们都没有在火星上发现生命，于是科学家开始寻找简单的生命形态。有不少证据表明，火星在过去的某段时间内蛮适合生命生存的，有极地冰盖、火山、干涸的河床以及只有在水中才会形成的矿物质。2008 年，美国宇航局“凤凰”号火星车传回了在火星上拍的照片，其中有张冰块照片，这个发现为火星存在水资源提供了有力证据。不久后，美国科学家在火星上发现了甲烷，而产生甲烷的微生物是地球早期的生命形态之一，因此这表明火星上极有可能存在生命。

猎户星云：在银河系的一个恒星生成区，科学家发现了生命存在的迹象。当然，这是通过望远镜观测到的，通过对观测到的数据进行分析，科学家能够找到维持生命存在的物质分子信号，如水、氧化硫、一氧化碳等，这表明这个距离地球约 1500 光年的猎户星云很有可能存在生命，或者是过去曾经存在过生命。

土卫二：当年，“卡西尼”号探测器在飞越土卫二表面时，发现了正在喷出冰和气体的间歇泉。科学家经过研究发现，里面蕴含着碳、氢、氮和氧，这些都是生命能够存活的要素，同时从照片上可以推断，土卫二内部的环境可能更加温暖和潮湿，而这也是生命能够存活的重要因素。虽然科学家并没有从土卫二中找到生命的存在迹象，但从中发现了一些微生物生命形态，这表明土卫二真的可能是存在生命的，不过目前还需要进一步探索。

系外行星：目前已知银河系中约有 4000 亿颗恒星和数不清的系外行星，由此可以大致推断出宇宙中必然存在大量的可以适合生命生存的星体，尤其是太阳系之外的行星。科学家在不少行星上发现了甲烷、二氧化碳、水等物质的存在，这些都是生命能够存活的重要因素。

未知的宇宙空间：宇宙无边无际，仅是星系就要以千亿计，所以存在生命的可能性是非常高的，但以我们目前的技术还无法发现“他们”。

科学家在寻找其他生命时，总是以人类自身作为参考标准，如我们总觉得生命是由氨基酸和 DNA 组成的，需要水才能存活，但是也许别的生命体并不是由此组成的，不是碳基生命，而是以其他形态存在的，所以我们可能就会寻错了方向。但是不管怎样，科学家们仍然不会放弃寻找适合人类生存的星体，否则万一地球上的资源消耗完毕，那么等待人类的将会是灭顶之灾。

[时间和空间的奥秘]

时空的形成

我们都知道时间的存在，可以把“时间”戴在手腕上，同时我们也知道食物的生产时间、保质期等，那么时间是如何形成的呢？我们买房时，常常会考虑多少个平方、要多大的空间，那么空间又是怎么形成的呢？

按照多数科学家的说法，时间和空间都是在宇宙大爆炸后出现的。按照大爆炸理论，宇宙爆炸时是从奇点开始的，当你按时间回溯，你会发现，宇宙越来越小，逐渐成为一个无限小的点，而时间和空间就是从这里产生的。时间和空间都有起始点，这让人感觉难以接受，人们也许会问：在大爆炸之前，时间和空间就不存在吗？这个问题很像人们问“南极的南边是什么”，这个问题是没有答案的，因为南极的南边根本就不存在。宇宙大爆炸前的时期也类似于此。

假设时间不是永久存在的，那么是不是像水龙头拧开后水就出来了一样，开关突然打开后时间就出现了？水就出来了？如果是这样的话，那么就可以追寻到时间最早出现时发生的事情，一件事一件事地往前推，肯定会发现时间出现的原始时间。然而这个原始时间是无法找到的，因为不管我们追寻到哪个时间点，都会有一个时间点在它前面，所以无法找到原始时间。既然是大爆炸，那必然会有开始，有开始就会有时间，而现在通过已知的理论是推导不出爆炸的原始时间的。那么，时间和空间为什么会在大爆炸的那一刻突然出现呢？

我们相信生活中出现的任何事情都是有原因的，果树结出果实，那是因为我们种植了果树，并且施了肥料，因而果树能够快速成长，并开花结果；雪糕在夏天会融化，那是因为夏天的气温太高了；汽车会飞速地行驶，那是因为燃烧燃料后为其提供了动力……因此，我们认为时间和空间的出现也是有原因的。然而很多事情是没有原因的。根据量子理论，粒子通常是无缘无故地出现的，所以时间和空间能够突然出现也就不难理解了。

我们知道宇宙是不断膨胀的，那么空间也会不断地膨胀。按照这种说法，空间是开放的，是可以进一步扩大的，然而时间就像流水一样，慢慢流淌，不多不少、不增不减，因而有科学家认为时间是封闭的。

时间和空间都是由大爆炸产生的，因而可知二者是相互关联的，既不存在独立的时间，也不存在独立的空间，空间会随着时间的流逝而变化，而时间也会随着空间的变化而变化。二者是并列关系，是同时发生的，未来的某天也许会同时结束。

神秘的时空隧道

动画片《哆啦 A 梦》中有个时光机，可以跨越时空，任意在过去或者未来穿梭。但是，现实中真的存在能够让人在未来或者过去任意穿梭的机器吗？答案是否定的。不过对于时空隧道是否存在这个问题，各国科学家一直争论不休，尤其是现实中发生的很多神秘的事情，如委内瑞拉机场的神秘飞机，似乎只能用时空隧道来解释。

1990 年的一天，天气晴朗，在委内瑞拉的卡拉加机场的控制塔上，人们突然发现有一架“奇怪”的飞机降临，之所以说奇怪是因为这架飞机早已被淘汰了，另外，机场的雷达也搜索不到这架飞机。对此，人们很是好奇。

机场工作人员上前询问说：“这里是卡拉加机场，你们是从何处来的呢？”飞行员听后惊讶地说：“我们是泛美航空公司 914 号班机，是由纽约飞往佛罗里达州的，怎么会飞到委内瑞拉呢？两地误差有 2000 多千米啊。”接着为了表明自己的身份，飞行员拿出飞行日志给机场工作人员看，日志上记载这架飞机是在 1955 年 7 月 2 日由纽约起飞的。而现在是 1990 年，两者相隔了 35 年。

机场工作人员说：“这不可能，你这个日志是假的吧。”飞行员表示这个日志是真的，而且确实是 1955 年起飞的。机场人员查看飞行员的工作服后，认为确实像那个年代的服装。于是，机场人员便去核实。

结果发现，1955 年 7 月 2 日，泛美航空公司 914 号班机确实从纽约起飞，不过这架飞机并没有到达佛罗里达，而是失踪了，当时美国耗费了不少人力、物力去搜寻，结果没有找到这架飞机，之后为飞机上的 50 多名乘客赔付了死亡保险金。后来，这些人回到家里后发现家人已经老了，而且他们的孩子年纪都大了，而他们却和当初离开时一样。

美国警察和科学家对这些人进行了全面仔细的检查，结果显示这起事件是真实的。

科学家对类似事件十分感兴趣，并且搜集了几十个案例，试图从空间原理、光学现象、物理性质等方面对这些事件进行深度挖掘，然而却得不到合理的解释，所以觉得只有用时空隧道来解释才能给予这些事件以合理性。

有的科学家根据爱因斯坦的物质总能量公式，认为物质总能量存在正、负两个值，那么我们对于负值的物质是怎样认识的呢？有科学家把它与“反物质世界”联系在一起，认为时光隧道就是这种反物质世界。我们目前所了解的物质都是正值，而对于物质出现负值还无法了解。有科学家认为正、负物质相互接近并达到一定程度时，便会产生巨大的能量而产生“湮灭”的作用，因而就会有类似于飞机失踪的事情发生，而当能量逐渐减弱，“湮灭”消失后，失踪者便又出现了。这个说法遭到了很多科学家的反对，他们认为“湮灭”是可以解释失踪现象，但是“湮灭”所带来的后果是永远消失，而不可能使失踪者再次出现。

另外，还有科学家认为，时空隧道和宇宙中的黑洞有关。黑洞是看不见的，那些失踪者被吸入黑洞后就什么知觉也没有了，因此也不知道在黑洞中待了多久，等到再次出现时，便忘记了在黑洞中的经历，所以所有的失踪事件都跟黑洞有关。这一说法也遭到了众多科学家的反对。因为按照“黑洞理论”，黑洞是可以吞噬一切的，包括光线，被黑洞吞噬的东西也不可能从黑洞中逃离出来。

美国科学家约翰·布凯里教授对于时空隧道提出了几个理论假说：

第一，时空隧道是客观存在的，但令你看不见、摸不着，而且它并不是一直都开放的，而是偶尔才开放。

第二，时空隧道里的时间计算方法和人类的时间计算方法是不一样的，时空隧道里的时间可以正转、反转，也可以静止，这样进入时空隧道的人便能在未来或者过去穿梭。

第三，由于时空隧道看不见、摸不着，所以失踪者进入时空隧道后人们就无法找到他们的踪迹。因为时空隧道的时间是可以静止的，因此无论地球上过去了几年或者几十年，然而对失踪者却全然没有影响。

古时流传着这样一些话：“洞中才数月，世上已千年。”“天上一日，地上一年。”这些话在很多人看来是一派胡言，然而用时空隧道的原理来解释就有了其合理性。若时空隧道真的存在，那么穿越到古代或者未来，也就不是难题了。当然这种说法还只是猜测。

时空隧道到底存不存在？目前科学家并没有明确的结论，仍是众说纷纭，莫衷一是，只希望随着科技的发展和时代的进步，科学家能够破解这个谜团。

穿梭时空的技术难题

1971年8月，苏联飞行员亚历山大·斯诺夫驾驶飞机执行任务时，突然眼前一花，来到了古埃及，他看到了建造金字塔时的场面：在荒漠中，一座金字塔已经建造完毕，另一座金字塔正在建造，他看见了建造金字塔的人很多很多……

1994年，一架意大利客机在飞行时，控制室的雷达屏幕上突然找不到它的痕迹了，工作人员很着急，然而不久后，客机又重新出现在雷达屏幕上。客机降落后，工作人员询问飞机失踪的那段时间发生了什么，然而机长却说飞机一直在飞行，没有发生什么意外，更不可能失踪。但经工作人员调查后发现，每位乘客的手表都慢了20分钟。

这样的事情在人类历史上已经发生了很多次，那么，这些案例是否可以说明，时空是可以穿梭的？如果能穿梭，那么需要什么样的条件才能穿梭呢？

根据爱因斯坦的相对论可以得知，当我们能够以接近光速的速度去运动时，就会感觉到空间在缩小，这是因为外界的时间变慢了，所以空间缩小了。如果以光速去运动，那么空间就会消失，这是因为外界的时间停止了，所以空间消失了；当以超过光速的速度去运动时，空间就会膨胀，我们就会回到过去，看到以前发生的事情。

著名科学家霍金认为，人类是可以制造出穿梭时空的时光机的，这在理论上是可行的，只需要找到太空中的“虫洞”或者制造出速度接近光速的宇宙飞船，之后便可以穿梭时空回到过去或者飞往未来。有些科学家认为，要是人类能够掌握“虫洞”，将它变大，使宇宙飞船可以穿越，那么时空穿梭这一想象便可以实现。另外，要是条件足够，科学家们甚至可以去建造一个“虫洞”。

如果科学家能够制造出接近光速飞行的宇宙飞船，那么宇宙飞船便能够让时间变慢。科学家经过计算得出，飞行一星期就相当于地面上的一百年。但是要制造出接近光速飞行的宇宙飞船是非常困难的，霍金认为这可能是自然用来保护自己的方式，同时建议最好不要坐飞船回到过去，如果与自己相遇或者改变历史，那是违背自然规律的。

除了制造出接近光速飞行的宇宙飞船和“虫洞”外，科学家还想到了另一种穿梭时空的方式，即利用黑洞。通过一个时空隧道进入黑洞，然后重新出现在过去并可以停留在那里。但对于如何通过时空隧道，科学家们提出了很多设想，但是没有一个是可行的。众所周知，黑洞的吸引力是非常强的，时间会被无限拉长，从黑洞中存活的希望微乎其微。

从古代开始，人类就希望能够长生不老，秦始皇为了能够长生不老，专门派遣徐福率领千名童男童女，跨洋渡海，寻找神仙。汉武帝晚年时，十分听信方士言论，不断地服用各种丹药。然而他们二人都失败了，都没能战胜时间。但从那之后，人类对于长生不老的渴望就没有终止过，如果能够穿梭时空，那么人类长生不老的梦想也许就会实现了。

人们总是希望战胜时间，而且为了能够实现这个目标，科学家们兢兢业业、鞠躬尽瘁，希望能够快点掌握“虫洞”技术，制造出接近光速飞行的宇宙飞船，同时不断地尝试其他方法。也许在未来的某天，穿梭时空将不再是神话。

但是有不少科学家认为回到过去是非常不现实，因为它有很多问题难以解决。为了解决这个问题，有科学家提出了“平行宇宙”的概念，这就是我们下一节要讲述的。

宇宙中的另外一个自己

世上没有完全相同的两个人，也没有完全相似的两片树叶。你有没有想过，眼前的这片树叶也许是无数片树叶叠合的，只因为它们的形状大小都一样，所以你只能看出一片树叶；又或者连自己都有许多个，只不过他们和你一模一样，叠合在一起了，所以只能看到一个你。也许有一天因为某些条件会分出另一个你，只不过你不会看到他，因为他生活在另一个世界里，做着同样的事情，虽然你们处理事情的方法也许会不同，但他一生所经历的都和你非常相似，这就是所谓的平行宇宙。

有科学家提出，也许我们存在的这个空间并不是唯一的，而是另有一个或者多个同类的空间存在，它们就像是两个平面一样，彼此平行，互不干扰，但是这几个空间所发生的事情却是相似的。

科学家们认为空间就是由无数个平行宇宙组成的。在这些宇宙中，都有着属于自己的时间轴，但是事件的发生却是各不相同的，就好比一个树干，当时空进行到事件树干上时，就会有许多的树枝分杈通往不同的事件结果。而在众多的平行宇宙中，事件树干和树枝分杈是非常多的，因而也就造成了无数个不同的平行宇宙在同时运行。

我们都知道，通过克隆技术能够“克隆”出一个和自己一模一样的人，但是平行宇宙比起克隆来，更像是一种分身术，虽然这种说法让人难以置信，却有一定的道理，因为这是科学家根据观测结果和数据进行分析后得出的结论。

1957年，美国科学家休·埃弗莱特三世最早提出多世界理论。他通过试验得出，宇宙自从诞生以来，已经进行过无数次分裂。后来，埃弗莱特三世意识到“分裂”一词可能用得不正确，就提出了多世界理论。按照这个理论，宇宙中有数不尽的分支，选择任何一个分支，其命运都各不相同。埃弗莱特三世因此被人们称为“平行世界之父”。

多世界理论提出后，科学家们议论纷纷，有的否认，觉得荒谬；有的认可，认为这很好地解释了一些用常理难以解释的现象。随着科技的发展，尤其是“宇宙模型”出现后，越来越多的科学家相信在离我们相当远的地方有个和银河系一模一样的星系，而那个星系中也会有一个和我们长相相同、行为相似的人，而在整个宇宙中，这样的人也许不止一个，是很多很多个，但这样的人我们也许永远不会见到。

目前，科学家能够观测到的最远距离是137亿光年，这是科学家观测视界的极限。根据平行宇宙理论，必然存在另一个和我们所处的地球同样大小的球体，那里也会有和我们的科学家们长相一样的科学家们在研究宇宙之谜。

另外，科学家还通过普朗克常量来论证平行宇宙存在的可能性。普朗克常量是物理学中最基本的能量表示单位。在平时，我们通常用原子来表示最小单位，但是每种物质都是有能量的，只是能量大小不一，因而能量也该有个最小单位，而这个单位就是普朗克常量。

假设我们所处的这个宇宙的普朗克常量为A，那么在另一个宇宙中，普朗克常量就可能是B，而且从A到B的过程中会有无数个可以取的值，也就是说会存在无数个宇宙。但是我们看不到它们，因为能量最小单位值不一样，而每个宇宙又是“多重宇宙”的组成部分。

这种说法虽然得到了越来越多的科学家的认可，但毕竟还没有直接的证据，因为就目前的科技水平来说，谁也无法到达另一个宇宙去查看“另一个自己”。或许，随着科技的发展，我们也能够像科幻电影里那样，在各个不同的平行空间中穿梭。

弯曲的空间

我们可以轻易地把一把直尺弄弯曲，只要稍微用点力；一座横亘在大河上的桥梁，如果桥上的重力增加如车子超载等，超过了桥梁的承受能力，那么桥梁就会弯曲，甚至有坍塌的危险。那么，直尺和桥梁为什么会弯曲呢？那是因为压力大于它们的承受力了。

生活中，我们常常会看到各种各样的弯曲物件，但是你有没有想过，空间也有可能会弯曲。你可能会感到迷惑：空间怎么会弯曲呢？毕竟我们都生活在空间中，如果空间是弯曲的，那么我们为什么没有感觉到，或者碰到空间呢？

物理学中把曲率不处处为零的空间称为弯曲空间。宇宙中常常见到的一种弯曲空间叫作黎曼空间。

我们之所以感受不到空间弯曲是因为，在地球上空间弯曲是可以忽略不计的。但是可以设想一下，假设空间弯曲成一个封闭的球面，我们从空间的任何一个位置出发，不断向前走，必然会回到刚开始的那个位置。这种情景就像是地球围绕着太阳运转一样，所以说弯曲空间是存在的。

人站在地球上为什么不会掉下去？地球为什么不会离开太阳？太阳为什么不会离开银河系？牛顿认为那是因为有引力的存在。然而，虽然牛顿知道“万有引力”，却不知道万有引力是如何产生的。爱因斯坦认为引力并不是一种真正的力，而是由于空间弯曲造成的。

1915 年，爱因斯坦提出了著名的广义相对论，解释了引力在空间弯曲中有什么样的作用，并指出之所以会产生弯曲，是因为物体质量很大，而时空曲率又能产生引力。爱因斯坦认为，光线经过一些质量较大的物体时其路线会弯曲，就是因为物体使空间产生了弯曲。这一点通过黑洞得到了证明。黑洞质量是非常大的，所以其空间弯曲程度比较厉害，甚至连光线都无法逃逸出来。

我们可以这样来理解：在一张弹簧床的床面上放一块石头后，你会看到弹簧床会稍微下沉，虽然从表面看起来弹簧床还是挺平坦的，但是它已经产生弯曲了，如果再放置石头，你会看到弯曲程度更加厉害。石头越多，弯曲程度越厉害。这样的道理也适用于宇宙中的弯曲空间。当宇宙空间承受较大的重量时，就会发生弯曲现象，质量越大，弯曲程度越厉害。

当我们在平直的路面上行走时，我们的行动轨迹也是平直的；当我们在弯曲的路面上行走时，我们的行走轨迹就是弯曲的。同样的道理，当星体在平坦空间中运行时，那么其运行轨迹是平坦的；当星体在弯曲空间中运行时，将会沿着弯曲的轨迹前进。如果星体的质量过重，那么原本平坦的空间也许就会弯曲，而原本就弯曲的空间将会更加弯曲。

因此，通过爱因斯坦的广义相对论，我们可以更好地理解弯曲空间：质量越大，离物体位置越近，那么空间弯曲的曲率就会越大。最靠近地球的大引力场是太阳引力场，根据广义相对论，爱因斯坦计算出从远方而来的星光如果经过太阳表面，就会发生 1.7 秒的偏转。

1919 年，在英国天文学家爱丁顿的提议下，英国派出了两支远征队去观测日全食，观测的结果显示：星光经过太阳表面时确实发生了 1.7 秒的偏转。这是证明爱因斯坦广义相对论正确性的有力证据。由此可知，弯曲空间并不难以理解。

然而，随着科技的发展，人们能够观测到的范围更广，也更加精准，这时，人们却发现爱因斯坦的引力理论并不是万能的，发生了许多用相对论无法解释的问题。但是我们相信，随着科技的发展和人们对宇宙认识的加深，这些问题最终都会被解决的。

时间弯曲之谜

人类一直都希望能够从宇宙中找到高级的生命，然而从目前的探索结果来看，人类并没有发现高级生命的存在，科学家曾在距离地球40光年的蓝月亮上发现有地面动物存在，但这样的动物是无法来到地球上的，因为根据爱因斯坦的相对论，任何物体的运动速度只能接近光速，而不能达到或者超过光速，即使是离地球最近的蓝月亮，也需要40光年才能到达地球，那么那些距离地球更远的外星人是如何来到地球上的呢?

针对这种情况，科学家提出了一种新的理论，那就是时间弯曲理论。时间，在我们的理解中，总是一秒一分、一天一周、一月一年地走掉，不快不慢，对于生活在三维空间里的我们来说，时间弯曲似乎并不那么容易理解。当然，如果时间弯曲，比如一天弯曲成一月，甚至一年，那么我们只需要一天的时间便能走完过去需要一月、一年才能走完的路。因此科学家猜测，外星人可能就是通过时间弯曲到达地球的。

在生活中，如果乘坐飞机去很远的地方，往往需要倒时差，这也是一种时间弯曲，因此，我们可以这么理解时间弯曲：就是表示“时间是可变的”。

爱因斯坦在狭义和广义相对论中提出，物体在强引力场中以接近光速的速度运动时，时间就会发生变化，出现时间弯曲现象。

如物体做自由落体运动时，其速度是质量场密度的力学反映，而且质量场的密度越大，其自由落体加速度就会越大。当物体开始做自由落体时，随着时间的流逝速度会越来越快，这是把“时间”当作参照物得出的结论。在这个过程中，时间没有弯曲，而速度是不断变化的。这时，如果把“速度”当作参照物，那么时间就不会固定不变，而是有变化的，由此就出现了“时间弯曲”现象。

很多时候我们认为光速是不变的，然而在不同密度的质量场中，光速是不一样的，密度越大的质量场，光速越慢。因此，如果把光速当作一个固定值，那么在不同的质量场中就会总结出“时间是弯曲的”这样的结论。

如果你还是不能理解“时间弯曲”，那么可以试着把时间想象成一根弹簧，在正常的情况下，弹簧是均匀的，就像我们总是认为时间也是如此一样。当弹簧受到压力时，它就会收缩，原先均匀的状态就会改变，变得非常紧密，这时时间就会比平常要多很多。而受到拉力时，就会变得非常宽松，这时时间就会比平常少很多。这就是时间弯曲。

在物理学上，四维空间是指除了长、宽、高之外，再加上时间，时间就是第四度空间。当你从一个地方走到另一个地方时，四维空间都发生了位移，即长度、宽度、高度都发生了位移，就连时间维度也发生了变化。

有科学家认为，人们可以在长度、宽度、高度三个维度上来去自由，但是对于时间维度，却只能向前，不能倒退，而且作为一个“四维时空”

体，也许我们永远都无法看到时间弯曲的现象。因为在自然界中，我们是无法找到时间的。时间究竟能不能倒流，则需要科学家在未来加以证明了。

[无情的黑洞]

吸收一切的黑洞

黑夜中，我们常常会看到天空中繁星闪烁，这些会发光的繁星在宇宙中是微不足道的，而且宇宙中还存在一些并不会发光的体，如黑洞。与别的星体相比，黑洞是十分特殊的，因为它是无法看到的。

那么，黑洞是如何被发现的呢？18世纪的欧洲还没有专门的科研机构，因而科学家要进行研究，就需要大量的钱财去购买器材、药品等，而卡文迪许可以说是当时科学家中最富有的、有钱人中最有学问的人。1784年，一个叫约翰·米切尔的人写信给卡文迪许说：如果有个星星比太阳的质量要大500倍，那么这颗星星发出的光就会被引力拉回去。然而，卡文迪许没有注意到这封信，或者是不感兴趣，以至于与“黑洞”擦肩而过。

如今，公认为发现黑洞的是位叫拉普拉斯的科学家。拉普拉斯用了25年的时间编写了一本《天体力学》，这本书为他带来了极大的声誉。在他47岁时，提出了太阳系是起源于星云的说法。直到1798年，拉普拉斯才提出了一个观点：“太空中存在着不少黑暗的天体，这些天体有恒星那样大，数量也非常多，假设有个和地球同样密度，但是直径是太阳250倍的星球，这个星球即使发光，我们也看不到，因为它发出的光都被自身的引力拉住了，而不能往外逃脱。因此，宇宙中可能存在大量这样明亮的天体而我们却看不到它。”这是人类最早提出的关于“黑洞”的概念，是由牛顿力学推导出来的。

1972年，美国人贝肯斯坦提出黑洞“无毛定理”：星体坍缩成黑洞，最后只剩下电荷、质量、角动量在起作用，而其他的一切密度、磁场、温度等都失去了作用。这一定理得到了很多科学家的证实。

为了研究太空中的光线，美国宇航局组建了的天文观测系统。在这种系统的帮助下，人们惊讶地发现，那些看不到的星体甚至会发出比太阳更加耀眼的光，而这些光都是不能直接观察到的，因此这就证明了宇宙中确实存在看不见的“黑洞”。

当然，如今的黑洞概念，是科学家们根据爱因斯坦的相对论推导出来的。霍金是黑洞研究的领袖之一，一天晚上，霍金突然想到，如果有个人不小心掉进黑洞，那么他的能量、动量都跑到哪里去了？如果两个黑洞相碰的话，会产生什么样的后果？后来，霍金对“黑洞”下了一个定义：如果太空中存在这么一个区域，它无法和无穷远处发生因果联系，那么这个区域就是黑洞。

黑洞是个非常“与众不同”的星体，它能够吞噬一切，包括光线，不论是自身发出的光，还是其他星体给予的光。我们都知道，光线是直线传播的，但是在黑洞中光线是扭曲的，这是因为黑洞有超强的引力，让光线偏离了原来的位置。这是符合广义相对论的，即空间会在引力场作用下出现扭曲现象。如此一来，这个星体就隐藏起来了，就像是有了“隐身术”一般。当然，在地球上这种引力是非常小的，所以我们看到的光线都是直线传播的。

如今，科学家们将黑洞分为三类：微黑洞、恒星级黑洞以及巨黑洞。微黑洞是由霍金提出来的，霍金认为这些微型黑洞是宇宙大爆炸的产物之一，和一粒米一样大小，而质量却是地球的几百倍。恒星级黑洞是由大质量恒星坍缩形成的。巨黑洞是指质量可以达到太阳的几百万倍以上的黑洞。

黑洞是如何形成的

自然界中存在很多奇怪的现象，如雨过天晴后，天空中常常会出现一道半圆形的彩虹，它的颜色有红、橙、黄、绿、蓝、靛、紫七种。对于彩虹的成因，古人已作出了详细的解释，唐代张志和《玄真子》中说："背日喷乎水，成虹霓之状。"可见彩虹是因为下雨后，空气中存有不少水珠，阳光照耀后，发生反射和折射而形成的。

然而，宇宙中最不可思议的是黑洞，因为至今没有人看见过黑洞，即使站在黑洞的边缘，也无法看清黑洞内部的真实情况。退一万步说，即使有人能够站在黑洞边缘，恐怕也会被黑洞强大的吸力拖入黑洞中，然后再也无法出来。那么，黑洞是如何形成的呢?

我们知道，宇宙中存在很多恒星，恒星是个气体球，温度很高，因而对外辐射的压力也很大，当压力与恒星物质间的引力达到平衡时，恒星就能保持稳定的状态，如我们所看到的太阳。目前，太阳对外辐射压力和太阳间的引力是平衡的，因而我们还能够看到太阳。

恒星是靠能量来维持平衡的，然而能量总会有耗尽的一天，当这一天到来时，如果恒星的表层反应仍很激烈，那么恒星就会像气球一样不断地膨胀，此时由于恒星的能量得不到有效的补充，恒星发出的光就不再像以往那般耀眼、炙热，光会一点一点地减弱，呈现出暗红色，温度也会随之下降。恒星能量逐渐减少，却不断地往外膨胀，等到对外辐射压力抵抗不了恒星的吸引力时，恒星便开始由核心不断地坍缩。

根据牛顿的万有引力定律，引力与质量是成正比的。也就是说，相同条件下，质量越大的物体引力越大，且与距离的平方成反比，也就是距离越远，引力越小。恒星不断地坍缩，距离就会逐渐缩小，引力就会不断增大，因而坍缩就会更为严重。就这样，恒星逐渐变得越来越小，密度越来越大，从而让恒星坍缩的速度越来越快。在坍缩的过程中，由于摩擦加剧，恒星的温度会越来越高，甚至可以达到一亿摄氏度。

当温度达到极点后，恒星就会像气球那样爆炸，无数的碎片撒向宇宙，甚至会落到地球上。在这个过程中，质量较小的恒星会成为白矮星，不会成为黑洞，只有那些质量超过太阳 3 倍的恒星，由于最后没有什么能够与自身的重力相抗衡了，因而会再次发生坍缩。

在这一过程中，恒星的直径会越来越小，直到成为一个小“点”，这个点就是“奇点”，以奇点为中心的范围内的引力是非常大的，任何东西包括光线都会被它吞噬。光线在这个范围内产生扭曲，所以我们就无法看到恒星了，这样黑洞便形成了。科学家把以奇点为中心的这一范围叫作黑洞表面。

黑洞有多大呢？以我们较为熟知的太阳为例来解释一下吧。以太阳的质量是不会形成黑洞的，但如果太阳坍缩成黑洞的话，这个黑洞也就是个直径不到 2 厘米的球体，体积这么小，可以想象它的密度有多么恐怖，所以所有的物质进入其中都会被吞噬掉，连光线也不例外。

科学家相信在很多星系的中心都存在黑洞，银河系也是如此。宇宙即使不会被一个黑洞吞噬，也会消失在成千上万个黑洞中，甚至还有一个更令人震撼的说法是宇宙本身就是个无限大的黑洞。很多科学家觉得，现在之所以在别的星球上找不到生命的存在，找不到外星人的存在，就是因为被黑洞吞噬了。

黑洞的寿命

我们最熟悉的星体就是地球，这是我们赖以生存的家园，而且是目前宇宙中已知存在生命的唯一星体。当然，科学家推断在火星上可能会有生命存在，不过还没有明确的结论。地球诞生于45亿年前，而生命诞生于10亿年内，那么地球的寿命有多长呢？科学家认为，地球寿命受太阳的影响，因为地球上的生命依赖太阳而存活，要是太阳寿终正寝了，那么地球也就面临着灭亡的危机。不过据科学家研究，太阳目前正处在稳定期，这一阶段大约有100亿年，而目前太阳才度过了一半，也就是说至少在几十亿年内，只要不发生意外，太阳依然能够存在，而地球也就会存在。

既然地球是有寿命的，太阳也是有寿命的，那么黑洞呢？

经过前面几节的介绍，我们可以得知黑洞是宇宙中最为独特的星体。它拥有超强的吸力，吸引着周围的物质，就连宇宙中跑得最快的光都难以逃出。看起来，黑洞不仅强大，而且会永恒存在，然而这是错误的，黑洞其实也是有寿命的。

1974年，伟大的科学家霍金第一次发现黑洞并不是只吸纳物质，它也会发出辐射，这种辐射被称为霍金辐射。当黑洞逐渐膨胀得越来越稀薄，它所吸纳获取的质量小于它所辐射的质量时，就会逐渐被蒸发。当然，黑洞被蒸发掉的时间是难以估算的，但是一些质量较小的黑洞几乎在几秒内就会被蒸发掉。

低质量的黑洞一半都是在宇宙早期形成的，而且黑洞的质量越小，蒸发的速度就会越快，奇点的质量损失就越快，温度也会越来越高。温度越高，辐射越大，那么蒸发就会越快，循环往复，最终会发生黑洞爆炸，至此黑洞的寿命也就到头了。

宇宙中存在不少比宇宙还长寿的黑洞，这些黑洞质量非常大，因此蒸发速度慢，奇点质量损失就慢，温度就低。同时，这些黑洞质量的增长速度比蒸发质量的速度要高很多，所以存在的时间比宇宙还要久。

黑洞既然是会蒸发辐射的，那么它的寿命就不是永恒的。辐射程度和质量是成反比的，从这点来说，只有黑洞的质量是无穷大的时候，才不会蒸发辐射，才会永恒存在，而这是不可能的。

然而，黑洞的寿命是无法测算的，主要原因有：第一，黑洞有超强的吸力，就连光线都无法逃脱，所以我们凭借望远镜研究黑洞是没用的，事实上我们也看不到它。目前黑洞的存在，是科学家们根据紫外线和X射线在被黑洞吸入前的信息推测出来的，对黑洞的性质等还缺乏清晰的认识。第二，时间观念不同。目前我们处在三维世界中，但是时间观念是根据广义相对论建立的四维空间，而在黑洞中，由于黑洞表面的曲度是可以无限大的，所以我们所用的时间观念并不适合黑洞，这样一来，也就无法进行测算了。

与黑洞相反的白洞

黑洞就像个庞然大物，吞噬一切可以吞噬的，就连光线都无法逃出，而根据世间万事万物都有对立面的哲学原理，那么宇宙中也必然会存在一种与黑洞相反的物质，这种物质是什么呢？

科学家经过大胆想象和猜测后，把这种物质叫作白洞。白洞与黑洞有相似的地方，如两者都有类似封闭的边界，两者的中央密度都非常高。但白洞的性质与黑洞是完全相反的，黑洞是吞噬一切的，如光线进入后便再也无法逃匿；而白洞里的物质则只能不断地向外运动，白洞外的物质是无法进入白洞的，即使是光线也无法进入。通常，光线接触到白洞的边界时便会受到阻挡。

白洞就像喷泉一样，不断地向外喷射各种物质和能量，却不吸收外面的物质和能量。

对于白洞是否可以旋转，是否带有电荷，科学家们争议很大。有很多科学家认为，白洞不断地向外喷射物质，从这一点上来说，没有强大的斥力是无法做到的，因而这种强大的斥力会迫使白洞不带有任何电荷，否则很容易被排斥。至于是否可以旋转，大多数科学家认为是不可能的。当然，到目前为止，白洞还是科学家根据爱因斯坦的相对论推导出的，还没有证据证实或者观测到白洞的存在。

有科学家认为，白洞只是想象中的一种产物，如果白洞不吸收任何物质，还不断地往外喷射物质，那么即使这个白洞的质量很大，也会很快喷射光的。目前针对白洞的讨论，很像以往科学家探讨是否有永动机存在一样，当然结果证明永动机是不存在的。

不过，根据科学家的最新研究表明，白洞很有可能就是黑洞。也就是说，黑洞一边不断地吸纳各种物质，另一边不断地往外喷射各种物质，进入黑洞的物质，最后会从白洞里面出来。而且科学家还证明了黑洞是有可能向外发射能量的，而能量和质量是可以互相转化的，所以说黑洞就是白洞是非常有可能的。

当然，如今对于白洞、黑洞还在不断地进行研究，究竟其中隐藏着什么奥秘，白洞究竟是不是黑洞，现在还没有明确的结论，但是随着科学研究的不断发展，这个谜底早晚都会被揭开的，让我们拭目以待吧。

看不见的暗物质

很多人会羡慕电影中那些可以隐身的人，别人看不见他们，而他们却能看见别人。这就是隐身术，是一种可以让身体隐形而不被他人看见的幻术。关于隐身术的故事可以追溯到秦朝。秦朝时，秦始皇一心想长生不老，因而宫中聚集了不少方士。《史记》中这样记载："宋毋忌、正伯侨、充尚、羡门子高最后皆燕人，为方仙道，形解销化，依于鬼神之事。"当然，隐身术只是传说，然而在宇宙中却存在这种"隐身术"。

宇宙浩瀚无边，其中存在不少看不见、摸不着、感觉不到的物质，科学家把这种物质称作暗物质。宇宙中最重要的成分是暗物质和暗能量，其中暗物质大约占25%，暗能量大约占70%，而我们能看到或者观测到的普通物质在宇宙中只占很小的比例，约5%。这些暗物质既然是看不见、摸不着、感觉不到的，那么科学家是如何发现它们的存在呢？

最早推断有暗物质存在的是瑞士天文学家弗里茨·兹威基，兹威基在美国加州理工学院工作了很多年，有着丰富的天文学知识，并对天文观测做出了卓越的贡献，尤其是通过观测推断出宇宙中有暗物质的存在。

兹威基在观测螺旋星系旋转速度时，发现星系的旋转速度非常快，而按照牛顿的重力理论，要想让星系不至于分崩离析，除非星系团的质量是能够看到的恒星数量计算值的一百倍以上，否则星系团必然无法束缚这些星系。因此兹威基推断，在星系的周围必然存在大量的暗物质，而且在星系团中能够看得见的星系只占整个星系团质量相当小的比重，而99%的质量是看不到的。

兹威基的结论在后来的研究中逐渐被证实。1972年，兹威基被授予英国皇家天文学会金质奖章，以表彰他在暗物质研究方面做出的贡献。

虽然大多数科学家都认可有暗物质的存在，但是一直没有确凿的证据，直到1978年才找出了一个证据，那就是测出了星系的总质量。地球质量的测定，是通过人造卫星运行的速度和高度进行计算的；太阳的总质量，是通过地球绕太阳的速度和与太阳的距离计算的；而星系的质量，便是由围绕星际运行物体的速度和距离星际的距离计算出来的。结果显示，星系的质量要远远超出能够看到的星体质量。因此科学家推断，星系中必然存在看不见的暗物质，并且推断出暗物质大约占宇宙总质量的25%。

科学家对暗物质的探索从来没有中止过。2009 年，科学家在美国明尼苏达州的一座煤矿中发现了暗物质。有科学家则希望能够从美国费米太空望远镜找到宇宙中暗物质湮没的证据，但是目前还没有发现。

2013 年 4 月 4 日，丁肇中教授在日内瓦欧洲核子中心第一次披露了对于暗物质的研究成果，即借助阿尔法磁谱仪项目团队发现了 40 万个正电子，这些正电子可能来自人们一直寻找的暗物质。可这个发现也只能表明人类可能找到了暗物质的痕迹，而对于暗物质的性质是什么，目前还没有明确的结论。

关于暗物质，科学家比较认可的说法是暗物质可能是某种或者某些相互作用极弱的重粒子，当然，这还有待进一步证实。

寻找暗物质、研究暗物质成了 21 世纪科学家们的主要研究课题。诺贝尔物理学奖获得者李政道教授也非常关注这个课题，并且多次在公开场合说："暗物质是 20 世纪末、21 世纪初最伟大的发现，也是现代物理学急需了解的奥秘，它的出现意味着物理学的又一次革命。"

神秘的宇宙反物质

有科学家认为，宇宙大爆炸后，形成了一正一反两个宇宙，就像是两只对称的翅膀一样，正物质宇宙就是我们目前生活的宇宙，反物质宇宙目前还未能找到，这是一个看不见、摸不着的世界。其实，反物质究竟存不存在，目前还没有证据来证明。不过有些科学家已经制造出很多反粒子，这是反物质存在的有力证据。

什么是反物质呢？就像你在照镜子时，如果镜子中的那个你真的存在，并且出现在你面前，那么这个你该如何称呼呢？可以把他称为“反你”。按照科学家的想法，有那么一个神奇的地方，这里是由反食物、反建筑、反桌椅、反恒星等组成的，因此被称为反物质世界。

物质是由分子组成的，而分子又是由原子组成的，原子是由原子核和电子组成的，原子核是由粒子组成的。我们所熟识的粒子并不少，如电子、质子、中子等，按照物理学中等效真空理论的说法，这些粒子也会有相应的反粒子，如反电子、反质子、反中子等。宇宙中既然有由正粒子组成的正物质，那么必然存在由反粒子组成的反物质，科学家正是在反粒子的基础上提出了反物质的说法。

如今，科学家根据反粒子理论制造出了正负电子对撞机，并且得到了反电子，同时也制造出了反质子、反中子等，这些反粒子既然存在，那么反物质也应当存在，但是至今没有直接的证据能证明反物质是真的存在的。我们都知道正、负是相反的两个方面，正粒子和反粒子要是碰到一起就会“同归于尽”，科学家把这种现象称为湮灭。那么，宇宙大爆炸后，那些反物质去哪儿了呢？

科学家认为，离地球大约一亿光年的空间范围都是由正物质组成的，而没有反物质。根据这种说法，若是反物质靠近正物质组成的世界，那么不就灰飞烟灭了吗？那么，我们能够从宇宙中找到反物质吗？根据量子力学，能量是守恒的，宇宙大爆炸后既然有正物质产生，那么必然会产生相等的反物质。而且即使有反物质存在，也只能出现在离地球一亿光年外的空间。

正物质和反物质所发出的光应该是一样的，所以很难从光谱上去寻找它们。科学家想了很多办法去寻找反物质，却没有结果，只是发现了少量的反质子。

在医学领域，目前有一种利用反粒子原理的技术正在被广泛使用，那就是正电子断层造影。相比其他手段，正电子断层造影能够帮助医生对病情有更清晰的了解。由此可见，反粒子的作用是非常大的。

1928 年狄拉克提出反粒子理论，1932 年安德森从宇宙射线中发现电子的反粒子——正电子，不过他们也许没有想到反粒子理论竟然能够应用于医学领域，而且发挥了巨大的作用。

反物质的作用当然不止于此，目前地球上的资源逐渐减少，人类急需寻找新的能源来代替，而反物质就是被普遍看好的资源。反物质中蕴含的能量是非常巨大的，举例来说，制造星际航行火箭时，常常需要上百吨的液态氢和液态氧组成的燃料，要是用反物质的话，只需要 0.01 克就足够了，这是因为将氢和反氢混合湮灭时能够产生巨大的能量。

虽然科学家目前还没有明确地发现反物质，但是反粒子的发现已经让科学家看到了希望，相信随着技术的发展，发现反物质也就为期不远了。试想，如果有一天可以用反物质来代替地球上日益枯竭的资源时，该是一幅多么美好的场景。

[多姿多彩的天体]

五颜六色的恒星

晴朗无月的夜晚，人们抬头可以看到许许多多的星星，一闪一闪的，这些星星仿佛是固定不动的，颜色好像也是一样的，然而，如果借助望远镜，我们就会发现这些星星都在不断运动着，而且它们的颜色并不都是一样的，而是有着各种各样的颜色，非常美丽壮观。

科学家说，一般人用肉眼可以看到6000多颗恒星，如果借助望远镜则能够观察到几百万甚至上千万颗。而据科学家推算，银河系中的恒星有上千亿颗，如与我们休戚相关的太阳系的主星太阳就是一颗恒星。我们知道恒星是气体星球，是能够自己发光的，不过由于白天有太阳照耀，所以我们无法看到其他恒星。

恒星起初是由星云形成的，然后逐渐演化，从主序星转化为红巨星、白矮星、中子星、黑洞等，当恒星处于主序星阶段时，色彩最为丰富，有黄色、白色、蓝色等；当进入红巨星阶段时，恒星就会开始老化，变成红色；然后逐渐老化，等到变成黑洞时，就不发光了，反而会吸光了。

在星云阶段，由于星云中包含的物质过多，在外界引力的影响下，星云会逐渐收缩并且分裂成好几个小团块，然后进一步分裂、收缩，团块的中心就会形成核，等到温度上升能引起核聚变反应时，恒星便诞生了。

主序星是恒星以内部氢核聚变为主要能源的发展阶段，是恒星最为重要也是停留时间最长的阶段，约占整个恒星寿命的90%。这个时期，恒星是非常稳定的，基本上不膨胀也不收缩。如太阳系中的太阳，目前就处于主序星阶段，太阳的质量、温度以及光度都很适合。

等到氢消耗殆尽时，氢聚变无法继续进行，这时恒星中心就会收缩，温度快速上升；当温度上升达到氦聚变所需的温度时，氦聚变就会从恒星中心继续往外扩展，恒星的外层物质受热变得膨胀起来，由此转化为红巨星。像太阳那样的恒星，大概会在红巨星阶段停留10亿年的时间，到那时地球上的温度将会逐渐上升为如今的两三倍，也就是说可能会在一百摄氏度左右。

经过一系列的核反应后，因无法继续提供恒星能源，这时恒星就会由红巨星开始向白矮星、中子星转变，只有质量超过太阳3倍的恒星才有可能转化为中子星。如果超新星爆炸后核心剩余物质大于太阳质量的3倍，那么中子星就会继续坍缩下去，越缩越小，但是它的引力却在逐渐增大，甚至连光都无法逃脱。光被科学家视为宇宙的使者，如果连光都无法深入其中，那么这个天体必然会束缚住其他物质，天体就像是无底深渊，无情地吞噬一切。这个天体就是科学家所称的黑洞。

恒星之所以会发光，是因为核心有核聚变反应，核聚变所释放的能量可传播到外太空中。恒星的颜色往往与恒星的寿命相关，年幼的恒星光会更亮，呈蓝色或者红色；之后，颜色就会出现变化，变成鲜红色或者肉红色；等到恒星晚年时期，将呈现多变的色彩。

除了和寿命相关外，恒星的颜色往往与恒星的温度相关。我们知道，不同温度的火焰其颜色是不一样的，以冶炼燃料的火焰为例，温度为600℃左右时，其颜色是暗红色的；在700℃左右时，火焰颜色是深红色的；等到了1000℃时，颜色就变成了橘红色；等到1500℃左右时，颜色就变成了纯白色。通过观测，科学家发现如当恒星的温度高达20000℃以上时，恒星的颜色一般是蓝色的；当温度在10000℃~20000℃时，其颜色为白蓝色；随着温度降低，其颜色会逐渐变为白色、白黄、黄色等，等到3000℃以下时，其颜色就变成了冷红色。这个标准，当然并不是适合所有的恒星，而只是一个大概标准。

正是由于恒星的寿命和温度不同，才使得恒星具有了各种各样的颜色，也让寥廓无边的宇宙看起来不再那么单调，而是变得多姿多彩，趣味横生。

美丽的星云

抬头仰望星空，我们常常会看到各种各样的云彩，千姿百态，形状不一，有时像一团棉花，有时像一根带子，有时像一朵花，有时像鲜血般染红半边天，有时像泼墨般漆黑一团等，很是美丽。那么，在浩瀚无边的宇宙中，是否也存在着云呢？

地球是银河系中一颗再普通不过的行星，而宇宙中像银河系这样的星系就有千亿个，因而可以肯定在宇宙中确实存在着这样的“云”。众所周知，地球大气中的云是由水蒸气形成的，而宇宙中的云则是由氢和氦元素组成，虽然两者的成分不一样，但也有着相同点，那就是都非常的美丽壮观。

借助望远镜我们可以看到宇宙中存在着数不胜数美丽的“云”，有的发出微弱的红光，有的是娇艳的红光，有的是蓝色的光等。它们形状大小不一，有的是圆环状，有的是一片一片的，有的毫无规律；有的像书本，有的像某种动物，有的像人；有的看起来如指甲般大小，有的像太阳般大小等，但是它们都非常美丽。

那么，宇宙中的“云”有哪几种呢？

一种是弥漫性星云。这种星云面积很大，广度可达几十光年，没有规则，也没有清晰的边界，总质量很大，很朦胧，很美。弥漫性星云又可以分为发射星云、反射星云和暗星云三种。

发射星云的辐射很强，可使云中的气体发生电离，因而这类星云总是熠熠生辉、光芒四射。最有名的发射星云就是猎户座星云。反射星云本身是不发光的，但是它能够反射来自其他恒星的光，因而看起来也是非常耀眼的。暗星云中没有星星，会吸收掉来自其他恒星的光，在恒星以及星云的背景上那块暗黑的部分往往就是暗星云。

弥漫性星云是恒星之母，恒星就是在这种星云中诞生的。

还有一种是行星状星云，这类星云往往呈圆环状，而且比较暗，得用高倍望远镜才可以看出它略带绿色。行星状星云中间有一颗中心星，温度很高。这种星云大多分布在银道面附近，多数被暗星云遮蔽而难以观测。

恒星的生命到达尽头时就会向外抛出气体外壳。这时气体就会发生电离，这些电离气体一面膨胀，一面吸收外来的紫外辐射转变为可见辐射，因此我们才能透过望远镜看到行星状星云，行星状星云可以说是恒星的坟墓。但是关于行星状星云，科学家还没有完全了解。如一些行星状星云外围会有晕，科学家现在还不了解晕的来历和作用。

研究这两种星云是非常重要的，如研究弥漫性星云，就可以知道恒星是怎样形成的，也就可以对太阳的形成有充分的了解；研究行星状星云，就可以知道恒星的死亡过程，知道恒星晚期的变化。如太阳，虽然目前来说，太阳还会存在相当长的时间，但是我们要懂得未雨绸缪，毕竟地球上的万物都是依靠太阳生存的，所以这点对我们来说非常重要。

相对于行星、恒星、彗星、星系等来说，星云是个美丽的存在，它没有规则，没有明确的边界，如果说星云像是春天的花朵，那么行星、恒星之类的星体就像是田野里的小草。因此，天文学家在起名字时会尽量切合这些星云的特征，如玫瑰星云、环状星云、彗状星云等。

另外，还有一种星云值得注意，它就是超新星遗迹。恒星在快死亡时会发生超新星爆炸，而超新星遗迹就是超新星的剩余物质云。这种星云与其他星云不同，是由氢、氮组成的，含有非常丰富的金属元素，如铁、钾、镁等。超新星遗迹密度很小，体积却非常大。

正是由于这些美丽的星云，宇宙才能更加丰富多彩。试想，如果将来有一天星际旅行成为现实，人们乘着宇宙飞船来往于各个星系，观看这些美丽的星云，该是一件多么惬意的事情啊。

类星体的红移

20世纪60年代，科学家从浩瀚的宇宙中发现了一种非常奇怪的天体，之所以说奇怪，是因为从拍摄的照片来看，这种天体的外表和恒星相似，但又不是恒星；形状和星云相似，但又不是星云；它能够发出很强的无线电波，这点很像星系，但它又不是星系，因此科学家根据这些特征，形象地称呼它为类星体。

类星体是目前人类观测到的距离地球最遥远的天体，最近的离地球有100亿光年，最远的有137亿光年。这里说的是目前能够观测到的，相信随着科技的发展，会有距离更远的类星体被发现。天文学家之所以能够看到距地球137亿光年的类星体，是因为类星体释放的能量非常大，且以光、X射线、无线电波等形式发出能量。有些类星体虽然比星系小很多，但是释放的能量却远远超过星系。另外，类星体的数量非常多，目前已知的就有近8000个。

最让天文学家们感到不可思议的是，类星体是非常小的，但是能量却非常大，而且类星体是宇宙中最明亮的天体，比普通的星系要明亮上千倍，因而天文学家们把类星体称为“宇宙的灯塔”。有些天文学家猜测，类星体之所以如此明亮，是因为它的中心是一个黑洞，利用超强的引力而不断地汲取各种物质，释放大量的能量所形成的。

按照宇宙大爆炸理论，所有的星体都在不断地膨胀，不断地向四周扩散。天文学家们发现类星体也存在类似的现象，而且它们的红移量非常大，达到每秒几十万千米，甚至有的类星体以接近光速的速度红移。

红移现象是很好理解的。如在生活中，我们看到一辆警车鸣笛而过，那么你听到的鸣笛声是一直没有变化的吗？肯定不是。随着警车远去，鸣笛声肯定会越来越弱。但如果警车停在你面前，那么鸣笛声是不变的，这是因为声源没有移动。这种现象很符合物理学中的多普勒效应。多普勒效应是指由于波源和观察者之间有相对运动，从而观察者会感到频率的变化。当观察者靠近波源时，观察者会感到频率增大。例子中的声源类似于波源。

若把光线当作波源，那么红移就是指离波源较远，即天体正在远离你，使得光的波长变长。当天体向你运动时，就是蓝移。而现在这些类星体就在以非常快的速度进行红移。对于这种现象，天文学家有多种解释。

多数天文学家认为，类星体的红移是宇宙学红移，即这种红移是类星体退行产生的。宇宙大爆炸后，各种星体都在不断地膨胀，类星体也是如此。而且天文学家还从与类星体靠近的星体上发现，这些星体的红移速度也是非常快的，这可以作为宇宙正在急速膨胀的证明。

也有不少天文学家认为类星体红移不是宇宙学的。天文学家在对类星体进行研究时，发现了一种多重红移现象。多重红移是指光谱中的不同吸收线有不同的红移量，而且吸收线的红移量与发射量也不相同。

还有天文学家认为这种红移属于“多普勒效应”。

持各种观点的天文学家都有各自的理由、各自的根据，谁也说服不了谁，但这些观点都未能对类星体红移做出最恰当的解释，因此还需要进一步地观测和总结。目前红移现象是非常普遍的，如果天文学家能够了解所有星体的红移原因，那么人类就会更加了解宇宙的结构，甚至可能从这点上找到破解宇宙之谜的钥匙。

神奇的三星系统

抬头仰望星空，你会发现北方天空中有一颗最靠近地轴的星星，这颗星的亮度和位置都相对稳定，人们把这颗恒星称为北极星。在古时，北极星就备受天文学家的推崇，因为在他们看来，北极星是固定不动的，众星都围绕着它旋转，因而北极星也被认为是帝王的象征。

除此之外，北极星还被人们赋予了很多其他象征意义。比如，北极星对待身边的星体总是不离不弃，就像是最忠实的恋人，因此北极星常被情侣拿来当作爱情的象征——忠贞不渝，执着守护。

当然，北极星还有个非常重要的作用是指示方向。由于北极星位于最靠近正北的方位，从古时开始，海上航行的人就已将北极星视为“灯塔”，夜晚迷航时抬头看下北极星，就能很快分辨出方向来。北极星所在的地方永远是北方，因此即使遇到罗盘坏掉、导航仪坏掉等情况，仍能靠着北极星找到回家的方向。用北极星寻找方向的做法也适用于沙漠、森林等恶劣野外生存的环境中。

北极星是一个三星系统，位置较近的伴星因为距离北极星太近，而且太暗，因而很难看到；而距离较远的那颗伴星，使用小型望远镜就可以清楚地观测到。三星系统中的三颗恒星与别的恒星相比位置很远，因而受到其他星体的引力很小，可以忽略不计。另外，三星系统并不是指位置离得最近的三颗恒星，事实上，三星系统中各个恒星之间的距离是非常远的。

我们知道宇宙中存在很多由两颗恒星组成的双星系统，但是宇宙中也有不少三星系统。这看起来很是神奇，那么三星系统有什么神奇之处呢?

与双星系统一样，三星系统也同样做着相对运动。可以分为三种运动方式：第一种是三星系统中的三颗恒星在一条直线上，两颗恒星围绕着中间的恒星运动，就像地球围绕太阳运转一样。第二种是三颗星组成一个三角形，相对于中心以相同的角速度转动。众所周知，三角形是最坚固、最牢不可破的，因此这种运动方式也显得最稳定。第三种，我们知道双星系统很多，那么难免就会存在一颗恒星和双星系统组合，从而形成三星系统。

简单地说，三星系统是由相距较近，而离其他恒星较远的三颗恒星组成的，整个系统都围绕着某个中心点匀速转动，各个恒星做圆周运动，而且角速度和周期都是相等的。三星系统之所以如此稳固是因为存在着向心力，向心力是由三星系统内的各个恒星对其他星的万有引力共同形成的。

宇宙浩瀚无边，三星系统也有很多，它们形成的年代不同、恒星质量不同，研究三星系统对于人们探索宇宙奥秘有着重要的作用。

脉冲星：宇宙中最精确的时钟

当人们把目光投向深邃无边的宇宙时，发现了许许多多的恒星，这些恒星的寿命是非常长的，而且它们的变化过程非常缓慢，因而人们觉得这些恒星是永远不变、永远存在的，但这是因为人们无法察觉到恒星的变化导致的。

长久以来，人们用各种办法来寻找外星人，其中一种就是接收无线电波。人们认为就像人类很难登上较远的星球那样，也许外星人会存在同样的困扰，他们也会想办法来传达关于自己的信息，而无线电波无疑是最好的方式。起初，人们接收到了一些奇怪的无线电波，还以为是外星人发来的，然而后来才发现，发出这种无线电波的是一种恒星。

最先发现脉冲星的是位名叫贝尔的研究生，她在研究星体的过程中，发现狐狸星座上有一颗星能发出规律性、周期性的电波，后来科学家根据这种天体能够不断地发出电磁脉冲的特点，而把它命名为脉冲星。

脉冲星的发现引起了轩然大波。因为脉冲星的脉冲强度和频率只有像中子星那样的星体才能达到，而中子星的概念虽然在 20 世纪 30 年代就提出了，但是一直没有得到证实。脉冲星的发现证实了宇宙中是有中子星的，脉冲星就是其中的一种。

宇宙中能够发射电波的恒星不少，但是像脉冲星那样能发射周期性电磁脉冲的很少。所谓脉冲就是像人的脉搏那样，一下一下很有规律地跳动，而在脉冲星上就发现了这种短而稳的脉冲周期。那么，这种脉冲是怎么形成的呢？

科学家通过研究得出了脉冲产生的原因：脉冲星是快速自转的中子星，而正是由于快速自转所以才能够发射电磁脉冲。就像我们拿着手电筒来回有规律地晃动时，会发现手电筒的光会有规律地照在物体上，一会儿明亮，一会儿黑暗。脉冲星发射电磁脉冲就与此相似，脉冲是一断一续的，很有规律。

我们所处的地球是有磁场的，因而在大海上才能靠着罗盘指引方向，而罗盘寻找方向利用的是地球磁场原理。和地球一样，宇宙中的恒星也有磁场；同时，地球在自转，恒星也在自转，那么恒星和地球也能够发出脉冲吗？其实不是的，要像脉冲星那样发射电磁脉冲，首先需要有很强的磁场，其次是为一个体积很小、质量很大的恒星，而只有中子星才能够满足这两个条件。

一般来说，恒星的体积越大、质量越大，那么它的自转周期就会越长，如地球自转一周需要 24 小时，而脉冲星的自转周期非常快，在 0.01 秒以下，宇宙中能够达到这个速度的恐怕只有中子星了。

脉冲星是恒星晚期超新星爆炸后的产物，超新星爆炸后，只剩下一个坚硬的核，体积很小，但是转速很高，在转动的过程中，就会向外发射电磁波，因而脉冲星也被视为“死亡之星”。脉冲星发射的电磁波是有规律性的，因此也被视为宇宙中最精确的时钟。

研究脉冲星对于我们了解恒星在晚期超新星阶段发生了什么很有帮助，它能够帮助我们了解恒星晚期的演变过程，从中发现关于恒星的一些奥秘。

虽然脉冲星发射电磁波是很有规律的，但是这种规律并非永远不变。随着中子星不断自转和发射电磁波，中子星自身的能量会减少很多，旋转速度会因此慢下来，这样随着时间流逝，旋转速度会越来越慢，慢慢地，就会因为转速过低而无法发出电磁波。当然，科学家可以算出每次自转所损失的能量，并由此推断出脉冲星还能存在多长时间。

另外，脉冲星之间存在共性，当然也会存在“个性”，每颗脉冲星都有着与众不同的地方，如有的脉冲星相比其他脉冲星转速更快；有的脉冲星体积很大，但是质量稍小；有的属于双星系统，具有伴星等。这些个性加深了科学家对宇宙的了解，这为科学家以后研究宇宙提供了翔实的资料。

脉冲星的重要意义不言而喻，正因为此，脉冲星的发现和星际分子、类星体、微波背景辐射一起被称为20世纪60年代的“四大天文发现”。

天狼星变色之谜

天狼星距离太阳不到9光年，因而我们不用望远镜也能够看到它，在我们眼中，天狼星是我们所看到的恒星中最亮的一颗，好像一直都在闪烁着白色的光，然而《史记・天官书》中却这么说：“狼角、变色，多盗贼。”就是说天狼星长角、改变颜色的时候，就会盗贼四起。其中还有这么一句：“白如狼，赤比心，黄比参左肩，苍比参右肩，黑比奎大星。”意思是说，像天狼星是白色的，心宿二是红色的，参宿的左肩是黄色、右肩是苍色的，而奎大星是黑色的。这里记载的天狼星的颜色和我们所看到的是一样的。古人认为天狼星是会变色的，那么为什么我们没有发现呢？天狼星真的会变色吗？如果是，为什么会有这种变化呢？

在古罗马书籍中，天狼星是红色的。每年7月，当天狼星第一次出现在地平线上时，古罗马人总是用红毛的狗作为天狼星的祭品，因而那时天狼星也被称为天狗星。有人这样描述：火星的红光太温和了，天狗星的颜色也是红色，但是比火星鲜艳多了。不只古罗马人，巴比伦人也在书籍中记载天狼星是红色的。

577年，法兰克王国都尔主教格里哥利编撰了一部编年史，为了让教徒们都遵循相同的时间来祈祷，格里哥利便用一些星座从地平线上升起的时间作为祈祷时间，其中一颗星就是天狼星。这颗星被格里哥利称为“卢比奥拉”，也就是红色的意思。然而在400年后，阿拉伯天文学家阿尔·苏菲在他所作的星表中，其中“红色星”一列里并没有天狼星，因而有科学家猜测，可能在这400年的时间内，天狼星改变了颜色。

天狼星会变色的说法得到了众多科学家的认同，但是也有科学家认为，就像太阳一样，之所以在每天傍晚的时候变成红色是因为大气折射造成的，而天狼星的变色也是如此。

随着科技的不断进步，在19世纪，科学家发现天狼星不是单星而是双星，在距离天狼星不远的地方有颗伴星，科学家为其取名为天狼星B。天狼星B是一颗白矮星，它的表面温度很高，超过20000℃，所以在颜色上呈现白色或者蓝白色。其实，天狼星的亮度是非常微弱的，我们之所以觉得天狼星比较明亮，就是因为这颗伴星在起作用。

按照星体演变理论可知，白矮星是天体中变化较快的星体，它前期是红巨星，温度非常高，亮度很高，因而在它的照耀下，天狼星也是非常明亮的。然而到了中期和后期，白矮星逐渐暗淡下来，天狼星也随之暗淡了。

所以，有科学家认为，古代人看到天狼星时，天狼星 B 正在成为一颗红巨星，受其影响，天狼星也发出红色的光，再加上天狼星自身的光，因而十分明亮，这就是古代人记载天狼星为红色的原因。但是问题又来了，一颗红巨星演变为白矮星至少需要 10 万年的时间，而在格里哥利和阿尔·苏菲两人相距的四百年间天狼星就由红色变成了白色，这段时间太短了，红巨星不可能演变为白矮星，唯一合理的解释就是天狼星 B 突然间坍缩了。如果是突然坍缩，那么这个过程应该有类似于超新星大爆炸的事情发生，然而科学家却观察不到天狼星 B 曾经爆炸的痕迹。假设天狼星 B 真的爆炸了，那么这段时间内，天狼星将会变得十分耀眼。这么反常的现象，不可能没有人注意到，然而科学家翻遍了书籍都没能找到关于这件事的记载。

有科学猜测，天狼星是因为自身原因产生的红色，但这个过程是漫长的，至少要数千年，所以其变色不可能是由自身颜色改变造成的。又有科学家假设，天狼星附近还存在一颗星，称为天狼星 C。但经过推断，天狼星 C 只能是褐矮星或者红矮星，是不能让天狼星产生色变的。

天狼星的变色之谜至今没有解开，不过科学家已经注意到了天狼星光谱中含有丰富的金属，如它的大气层中铁的含量是太阳的 316%。有科学家认为，或许能由此解开天狼星的变色之谜。

奇怪的褐矮星

2014年，美国科学家借助宇航局广域红外望远镜和斯皮策空间望远镜发现了一颗褐矮星。经过观察后发现，这里的气温非常低，几乎和地球上的北极一样冰冷，这是目前已知的褐矮星中温度最低的。

通过推断得知，这颗褐矮星距离太阳约为7.2光年，是距离太阳第四近的天体。对于这个发现，美国天文学家凯文·鲁曼认为，这颗褐矮星的温度如此之低，或许可以为我们提供一些关于行星大气方面的信息，也许我们可以从中找到办法来解决地球温度逐渐上升的问题。

褐矮星早期演化时，与恒星相似，都是因为燃料燃尽后气体云团在引力作用下开始坍缩。由于褐矮星的质量很低，远远低于太阳的质量，甚至还不到太阳质量的7%，因而褐矮星无法引起核聚变反应产生光热辐射，使自身发光，成为一颗真正的恒星。同时由于温度很低，它的构成中应该有大量的甲烷和氨，通过天文望远镜可看到褐矮星呈褐色，这也是褐矮星名字的由来。

从质量上来说，褐矮星与木星之类的气体行星很相近，但是二者在形成原因以及构造方面的差别很大。褐矮星是由气体构成的，然而木星类的气体行星的中心不是气体，而是固体。褐矮星相对独立，而行星则是围绕着恒星进行公转的。

由于褐矮星无法发光，所以即使用天文望远镜也很难发现它的存在，但是随着科技进步，尤其是大型天文望远镜、高性能红外线照相机等的出现，使得天文学家能够通过天文望远镜发现一些以往不能发现的天体。据观察，银河系中存在的褐矮星可能有千亿之多，另外还有很多无法观测到的。有些科学家认为，宇宙中的黑暗物质极有可能就是褐矮星。

广域红外望远镜之所以能够发现一些寻常望远镜发现不了的天体，就是因为它在红外波段进行了多次扫描。寻常望远镜可能无法发现褐矮星这样的低温天体，因为它们没有反光或者反光很少，但是广域红外望远镜能够发现它们的热辐射。另外，如果注意观察，还能够发现这些天体的运动趋势，这些天体的运动速度很慢。这很好理解，就像是从你身边奔驰而过的汽车往往比远处的汽车看起来速度更快。

科学家第一次发现褐矮星是在 1995 年，这颗褐矮星体积很大，看起来更像是巨行星。褐矮星可以分成两类：L 型和 T 型。L 型褐矮星从光谱上来看更加接近于温度最低、质量最小的恒星。T 型褐矮星的光谱和巨行星很相似，但是质量要比巨行星大得多。

自从发现褐矮星以来，褐矮星变成了科学家研究的重点，因为这种天体十分特别，既不属于恒星，也不属于行星，可以说它是宇宙中“没能成为星体的星”。研究褐矮星有利于加深我们对恒星和行星的了解，并且能够补充我们对宇宙了解的空白之处，或许当科学家完全了解褐矮星之后，便能找到了解宇宙暗物质的那把“钥匙”。总之，对于宇宙中任何天体的研究都是有益处的。

冷热“共生星”

我们知道一杯水要么冷要么热，从没有见过一杯水前半部分是冷的，后半部分是热的，而且这种情况会持续上亿年。然而，天文学家在20世纪30年代便发现了一种奇怪的天体，之所以说奇怪，是因为这种星体一面温度只有2000℃~3000℃，而另一面却高达几万度。也就是说，冷和热共生于同一天体上，而且差别巨大。这种现象用天文学理论根本无法解释。从那以后，这种天体就成了一个难解之谜。

1941年，科学家把这种天体称为“共生星”。共生星的主要特征就是同时呈现高温和低温，为了能够解释这种现象，很多科学家穷尽毕生精力都没能解开。而且在不断地研究过程中，这种共生星出现得越来越多，目前已有几百种。

起初，有些科学家试图将共生星当作单星，认为这种共生星其实是由两部分组成的，即单星的核心是属于红巨星之类的冷星，因而温度较低，而单星外是一层高温星云。这种说法似乎能够勉强地解释高温和低温之谜，然而人们并不认可这种说法，因为包围单星的星云温度非常高，那么这些温度是由什么提供的呢？要知道，有的恒星温度之所以高是因为核聚变，或者吸收来自其他恒星的能量，而共生星温度高显然不符合这两种情况。

后来，科学家提出了“双星”的说法，即共生星是由一颗红巨星和矮星组成的，红巨星温度非常低，通常低于3000℃，而矮星密度大、体积小，温度非常高，这种说法看起来也能够说明温度高低共存的原因。随着科技的发展，科学家能够更加清晰地观测到共生星的情况，发现了不少共生星的双星围绕同一个中心旋转的现象，而这成为证明共生星是双星的有力证据。从那以后，越来越多的科学家接受了共生星的说法，并且多数科学家认为共生星是由一颗低温的红巨星和一颗高温的热星以及包围它们的热星云组成的。

我们知道，如果某地空气冷热不均，那么就会产生气流，即热空气和冷空气不断地进行移动。有科学家认为共生星可能也是这种情况，由于两星位置离得比较近，红巨星不断膨胀，物质外溢，因为引力而奔向高温的矮星，然后被外围的热星云所包围。因为共生星距离我们太远，所以利用天文望远镜望过去就像是一颗恒星，其实这可能是“视觉的欺骗”。

当然也有一些科学家质疑共生星的说法，他们的理由是从来没有观测到共生星中的热星，这些只是根据理论推断出来的。因此，也许只有等到科学家能够观测到热星时，双生星的说法才能够真正让人信服。

共生星是宇宙星体中较为奇怪的存在，因而具有十分重要的研究意义，对于恒星物理和恒星演化都有着积极的作用，但是要想解开这个谜团，恐怕没有那么容易。但我们相信，随着科学家的努力，这个谜团终将会被解开。

长尾巴的彗星

彗星在民间一向被视为“扫帚星”“灾星”，人们常常把彗星的出现与战争、灾难、瘟疫等不幸联系在一起，因而很厌烦看到彗星。这一点中外倒是有些相似。1066 年，诺曼人开始入侵英国，这时天上出现了哈雷彗星，诺曼人心情很是复杂，因为他们认为彗星的出现代表着警诫。后来，诺曼人付出了惨重的代价才征服了英国。从那以后，彗星被视为不祥的象征。当然，这只是迷信而已，彗星与吉凶没有任何联系。

古代书籍中最早记录彗星的是《春秋》：公元前 613 年，“有星孛入于北斗”。《春秋》中记录的是哈雷彗星，比欧洲早 600 多年。

彗星是在扁长轨道上绕太阳运行的一种云雾状小天体。最早被发现的彗星是哈雷彗星。英国天文学家哈雷在 1705 年认识到哈雷彗星是有周期性的，并且推算出其周期约为 76.1 年。人们根据这个周期来推算彗星经过太阳的时间，结果都观测到了，说明这个周期是正确的。

在远日点时，彗星的亮度很低，而且彗星所发出的光是反射的太阳光，随着运动，彗星离太阳越来越近，这时彗星的亮度开始逐渐增加，光谱也开始急剧地发生变化。科学家经过研究发现，产生这种现象的原因是彗核突然发热并且达到足以蒸发的程度，蒸发后的气体形成了彗发，同时太阳的紫外光又使得这种气体发光。彗星的体积并不固定，科学家发现，彗星在离太阳较远时，其体积很小；越靠近太阳，彗尾变得越长，彗发变得越来越大，体积也越大，不过虽然体积很大，但是质量非常小。

多年的观测结果表明，彗星的轨道并不是唯一的，而是有椭圆、双曲线、抛物线三种。其中，椭圆轨道彗星的运转周期是有规律的，可以分为短周期彗星和长周期彗星。双曲线和抛物线轨道的彗星被称为非周期彗星。

一般彗星是由彗头和彗尾组成。彗头的形状和组成部分是有差别的，可以分为球茎形彗头、锚状彗头、无发彗头等。彗头是由彗核和彗发两部分组成的。随着科技的发展，科学家通过人造卫星以及宇宙飞船对彗星进行详细的观测，结果发现在彗发的外面还围绕着巨云，科学家把它称为彗云，这样彗头就多了一种组成部分，即彗云。值得注意的是，并不是所有的彗星都有彗核、彗发、彗云、彗尾等。

彗核是指彗星的最核心部分，一般由石块、冰块、甲烷、铁等物质组成，直径非常小。彗发主要是由彗核周围的气体组成的雾状物，直径比彗核要大出很多，有的彗星彗发直径能够达几十万千米。彗发主要由氢、氧、硫、碳、一氧化碳、氨基、羟基等组成，其主要成分是中性分子和原子。虽然看起来体积非常大，但是它的密度很小。

彗尾一般是在彗星开始靠近太阳时才开始出现的，离太阳越近，彗尾就越长。彗尾的方向一般总是背着太阳，如向近日点靠近时，彗尾出现在后面；当离开近日点，远离太阳时，彗尾就变成了前导。不同的彗星其彗尾的长度和宽度也有很大的区别，一般彗星长在 1000 万至 1.5 亿千米，有的长得让人吃惊，可以横过半个天空，如 18421 彗星长达 3.2 亿千米，可以从太阳伸到火星轨道。一般彗星宽 6000~8000 千米，最宽达 2400 万千米，最窄只有 2000 千米。

彗尾一般分为三大类：第一类是离子彗尾，顾名思义就是由离子气体组成的，如氢、二氧化碳、一氧化碳、碳等，这类彗尾有个特点，就是细而长；第二类是尘埃彗尾，主要是由微尘组成的；第三类是反常彗尾，这种彗尾以扇状或者长钉状的形式向太阳系方向不断延伸。通常一颗彗星的彗尾是由两条以上不同类型的彗尾组成的，如尘埃彗尾和反常彗尾。

那么，彗星是如何形成的呢？事实上，一直到今天，彗星的起源仍然是个未解之谜。有科学家提出，在太阳系外围有个叫奥尔特云的地方，那里有上千亿颗彗星。众所周知，所有的星体在宇宙中都会受到来自其他星体的引力影响，彗星也是如此，受引力牵制，这些彗星一部分进入太阳系内部，一部分逃离太阳系。有科学家认为，彗星是在木星或者类似的行星附近形成的；也有些科学家认为是在离太阳系很远的地方形成的；还有科学家认为彗星是太阳系外的来客。通过观察发现，彗星是不断瓦解的。也就是说，必定存在一种方式让新彗星代替老彗星。因此，假设在太阳系外会有一个彗星群，彗星群中的某些彗星绕太阳做轨道运动，在运动过程中，受到恒星的引力影响，有些彗星便被吸入太阳系内，代替那些瓦解的老彗星，但是如今还没有发现远离太阳系的超大彗星群。

宇宙大爆炸时，太阳系的大部分水都被赶到星系外围地区，所以木星、土星、天王星、海王星以及彗星中存在水就不足为奇了，但是比较奇怪的是地球上也有水，那么地球上的水是怎么来的呢？据科学家猜测，地球上的水资源可能是由于彗星撞击地球时带来的，因而彗星被称为“地球的送水工”。之所以提出这种猜测，是因为发现某些彗星上的水中含有与地球的水中相同的化学物质，这个发现也为以往地球生物灭绝是由彗星撞击造成的说法提供了依据。

然而，有些科学家认为，目前还不能把彗星撞击当作过去地球生物灭亡的原因，因为这个证据不够充分。目前，关于彗星还有很多未解之谜，仍然需要科学家努力破解。

浪漫的流星雨

关于流星雨大家并不陌生，各种影视作品中常常有关于流星雨的描述，如《流星花园》《一起去看流星雨》等，因此流星雨被视为浪漫、爱情的象征。有关流星雨的说法也很多，如每一颗流星坠落就代表着有一个人离开了世间；在流星划过天空的时候，如果对着流星许愿，那么流星就会带着你的愿望飞去，你的愿望就会很快实现。当然，这些说法都是人们的一种想象，是古人在无法用科学道理来解释下的猜测。

狮子座流星雨大概是我们最熟悉的了，在每年的 11 月 14 日至 21 日出现，平常年份，这种流星雨中的流星数量非常少，一小时也就十多颗，但据科学家观测，狮子座流星雨大概每隔 33~34 年就会出现一次高峰期，这段时间的流星数量非常多，一小时可能会超过数千颗。流星雨看起来像是流星从某个地点产生的，我们把这个地点叫作流星雨的辐射点，因而我们通常用辐射点所在的天区星座给流星雨命名，用来加以区别。如狮子座流星雨就是从狮子座天区发出的，并因此得名。有名的流星雨还有很多，如金牛座流星雨、双子座流星雨、天琴座流星雨、猎户座流星雨等。

一般认为，流星雨的产生与彗星没有必然的联系，是由于流星体与地球大气层相摩擦的结果。流星体通常是由行星际空间的尘粒和固体块等组成的，如果流星雨在大气中没有被燃烧尽，那么落到地面后就成了“陨石”。流星体原先是围绕太阳运动的，但在经过某一点时（比如近日点），受到太阳引力的吸引而改变了原先的轨道进入地球大气圈，然后与大气产生摩擦，发热发光，形成流星雨。

流星是单个出现的，而流星雨的出现往往与流星群有关，流星群通常是由彗星分裂的碎片产生的，成群的流星就形成了流星雨。流星雨的规模也是不一样的，有的一小时也就十几颗流星，有的一小时能够发出上万颗，而流星数量特别大或者表现异常的流星雨通常被称为流星暴，其每小时出现的流星数量超过一千颗。1833 年 11 月的狮子座流星雨，每小时下坠的流星数量达 3.5 万颗，那是历史上最为壮观的一次流星雨，就像烟花般绚丽多彩，美丽动人。

流星雨有个很重要的特征，就是所有流星的反向延长线必然会在辐射点相交。大多数流星雨都是有规律、有周期的，但是有些流星雨是随机发生的。流星速度非常快，因而我们能够在离流星非常远的地点看到其亮光。

流星雨的颜色也是各不相同的，之所以颜色各异，是因为流星体的化学成分受到高温时的反应是各不相同的，如流星体的主要化学成分是钙，那么就会呈现紫色；主要成分是钠时，就会呈现出橘黄色；主要成分是铁时，呈现的是黄色；主要成分是硅时，呈现的是红色等。一般来说，流星雨出现时是没有声音的，所以我们常常会错过流星雨，因为我们根本就不知道空中刚刚出现过流星雨。

如果有幸观看过流星雨，就可以看到流星在下坠的过程中会留下痕迹，颜色多为绿色，持续的时间不是很长，一般为 1~10 秒。有人说，那么多流星不断地往下跌，要是跌落在地球上砸到人怎么办？事实上，流星的质量是非常小的，进入大气圈后，与大气产生摩擦，绝大部分都会被烧掉，因而不会对地球上的人带来什么危害，但是会对太空中的航天飞行器产生威胁。

太阳系中不止地球上会出现流星雨，事实上，只要是有着像地球那样适当且透明的大气层的星体，都是有可能会出现流星雨的。如火星上就曾出现过流星雨。当然，火星上的流星雨与地球上有些不同，因为火星和地球的轨道是不一样的。

另外，要注意的是，观察流星雨时不一定非得用望远镜，因为观赏流星雨需要有广阔的视野，使用了望远镜反而会受到限制，而且只能看到流星一闪而过，甚至都看不清。所以观察流星雨时，最好站在视野宽阔的地方，然后用眼睛观察流星可能出现的上空就可以了。

通过研究流星雨，科学家便能推测出流星雨的周期性，这样就可以尽量在航天飞行器升空时避开流星雨出现的时间，保证航天飞行器的安全。同时也可以研究流星体在大气中的变化，产生的声、光、电磁等效应，还可以深入了解太阳系天体间的关联、演化等。

[太阳的秘密]

太阳的结构与寿命

地球上的万物都依赖太阳生存，太阳是人类生命的源泉，太阳给地球带来了生机。如果没有太阳，地球上的万物将会遭受灭顶之灾，到时再也没有白天黑夜，再也没有春夏秋冬，所有的植物都会因为没有光而枯萎，人们再也闻不到花香，所有的动物最终也会因为没有食物而灭亡。太阳是如此地重要，那么，当你每天看到太阳时，你有没有想过太阳的结构是怎样的？它还能存在多久？

太阳可以分为内部结构和大气结构两大部分。其中内部结构从里往外又可以分为核心、辐射层、对流层三个部分，而大气结构按照由里往外的顺序可分为光球、色球和日冕。

太阳的核心是产生核聚变的地方，是整个太阳的能量之源，所以这个地方温度非常高，压力也非常大。核心区的温度有个特点，那就是与太阳中心的距离越远，温度越低。太阳的辐射层指的是从核心往外到0.71个太阳半径的区域，占了太阳体积的一大半，太阳核心核聚变产生的能量是由辐射层往外传输的。辐射层外部就是对流层，由于温差悬殊而引起对流，内部的热量就通过对流的方式向外传输。

抬头望去，太阳就是个模糊的圆面，这就是太阳光球。之所以模糊，是因为光球的表面是气态的，而且其光线很刺眼。光球密度非常小，但是非常厚，所以我们看到的光球并不是透明的。光球大气层并不像看起来的那么稳定，如果用望远镜观察的话，会看到光球表面有许许多多的斑点状结构，很不稳定。光球上有个很有名气的现象——太阳黑子。黑子是光球层上的大气流旋涡。其实太阳黑子并不黑，相反是非常明亮的，之所以说它黑，是因为光球很明亮，因而显得黑子比较黑。

太阳大气中的第二层就是色球。色球也是非常耀眼的，有的地方会有明亮而宽大的斑块，人们把它称作耀斑。耀斑很亮，能发出相当高的能量，然而我们在平时看不到色球，因为地球大气会分散光线。色球的温度很不均匀，在与光球层顶接触的部分为 4500℃，而最外围则能达到几万度，温差悬殊。色球磁场很不稳定，因而导致色球层屡屡动荡。

日冕是太阳大气的最外层，分为内冕、中冕和外冕。日冕发出的光比较弱，但是其温度非常高，在高温下，氢、氦等原子都会被电离成电粒子，电粒子的运动速度非常快，因而会有电子不断地挣脱太阳的束缚，形成太阳风。

根据科学家的推算，太阳的寿命约为 100 亿年，如今太阳大约度过了一半的时间，如果比作人的话，太阳目前正处在稳定而旺盛的中年期。等到了晚年，太阳的大部分氢就会转化为氦，然后转化为碳、氧，最后转化为铁。在这个过程中，其温度会不断升高，达到原先的 10 倍，这时所有的物质都会成为气体。

核聚合在爆炸时开始产生，到时太阳的直径会扩大 100 多倍，从地球上看的话，整个天空几乎被太阳铺满，那情景想想也是很恐怖的。但是随着其直径增大，温度反而会降低，表面的颜色开始从白色变成红色，就像红巨星那样。最后聚合成铁时，所消耗的能量和产生的能量是相同的，所以没有多余的热量来让太阳保持现有的温度，所以温度会逐渐降低，太阳开始收缩，而由于收缩，太阳中心会产生很强的压力，直到太阳成为白矮星，然后会继续冷却收缩，成为黑矮星，太阳的寿命到此为止。

根据科学家推算，如果恒星有太阳质量的10倍，在聚合的过程中就会出现超新星爆炸现象，然后恒星会变为中子星；如果恒星质量是太阳质量的30倍，那么超新星爆炸后，可能会形成一个黑洞。

虽然太阳不会形成黑洞，但是它会成为一个红巨星，到时太阳传输到地球上的能量就会非常多，地面的水就会被蒸发掉，海洋也会成为荒漠，而这对人类来说，就是世界末日。50亿年的时间看起来非常漫长，但是为了人类的前途打算，仍然不得不小心应对，因而科学家开始积极寻找能够适合人类生存的另一个家园。另外，由于人类过度开采资源、砍伐树木，地球疲惫不堪，加之温室效应，地球的温度逐渐升高，照此下去，究竟是人类先消亡还是太阳先消亡就不得而知了。

太阳巨大的能量从哪里来

古时有个神话传说与太阳有关，即“夸父逐日”：相传在黄帝时期，夸父为了追赶太阳，口渴了就喝黄河的水，但是越靠近太阳越感觉口渴，最后黄河、渭河的水都被喝光了。由于太阳太热，夸父流汗不止，最后竟渴死了。死之前，他扔出了自己的手杖，手杖化作一片浓郁的森林——邓林，而他的身躯化为了夸父山。

夸父在逐日的过程中为什么会死呢？因为太阳的能量非常高，夸父很渴，在找不到水源的情况下才渴死了。那么，太阳的能量是从哪里来的呢？

太阳给地球带来了光和热，让地球不至于处在无尽的黑暗和冰冷中。地球大气层表面一平方厘米每秒接受的太阳能量约为 8.23 焦耳，而据科学家推算，地球每分钟接受的能量大约只占太阳辐射总量的 22 亿分之一。农家在做饭时，往往通过烧柴来获取能量，柴火越多，能量越多，那么太阳要产生那么大的能量需要消耗多少物质呢？

1836 年，有科学家根据观测到的太阳数据进行推算，认为在近 100 年的时间里，太阳的直径缩小了约 1000 千米。也就是说，在 100 年的时间内，太阳为了发出能量大约缩小了 0.1%。有人提出，太阳之所以能够不断地散发能量，就是因为太阳的体积足够大，但是，如果按照这个消耗速度算的话，太阳很明显不能提供超过亿年的能量，然而地球已经存在了几十亿年，所以这种假说是不成立的。

关于能量的来源，科学家的猜测很多，如有的科学家根据流星现象来推算，流星运动快，动能非常高，要是落在太阳上，必然会产生相当多的能量。然而事实是，太阳要想持续发出那样的能量，需要源源不断的流星来支持，但哪有那么多流星呢？即使有，要想落在太阳上也是需要一定条件的。

探寻太阳能量来源的道路仿佛被挡住了，科学家久久不能再往前踏一步，直到 20 世纪 30 年代末，爱因斯坦相对论以及原子核物理的发展，将探寻太阳能量路上的阻碍清除，科学家才得以继续寻找能量来源。

爱因斯坦认为，质量和能量是可以相互转化的。有科学家经过计算得出，大约 4 个氢原子核在高温、高压的情况下，会变成 1 个氦原子核。原子核都是带电的，4 个氢原子核要想聚合在一起，就要具备很高的速度、温度，这样才能克服静电斥力，产生核聚变。氢原子核产生聚变所需要的温度相对于太阳内部温度来说低很多，因而氢原子核可以在太阳内部产生大量的核聚变。

由于核聚变反应是在太阳内部进行的，因而内部以外的氢原子几乎没有什么作用，而按照太阳内部的氢原子来计算，大约能够支持太阳在 100 亿年中发散能量。我们知道太阳是一颗典型的主序星，按照主序星的演化过程，太阳的形成可以分为 5 个阶段，即主序星前阶段、主序星阶段、红巨星阶段、氦燃烧阶段、白矮星阶段，太阳目前正处在稳定的主序星阶段，这一阶段大概能够持续 50 亿年，所以说太阳内部的氢产生的能量足够持续到太阳进入红巨星阶段。当太阳内部的氢消耗完毕后，将会成为一个氦核。

太阳活动的高峰期

科幻灾难电影《2012》为我们描绘了这样的场景：在 2012 年 12 月 21 日，由于太阳发怒，活动加剧，导致地球上发生了翻天覆地的变化——地球的南北磁场颠倒，火山、地震频发，引发强烈的海啸，将美丽的地球变成了一片汪洋，伤亡遍地，主角带着几个人一路逃亡……

这部电影上映后，很受人们欢迎，但人们不禁要问：太阳真的会发怒吗？

2006年12月13日，太阳突然“动怒”，先后发生了两次X级耀斑和多次M级耀斑。不久后，在日面上发生了X3级耀斑，这次耀斑导致短信、广播、探测等电子信息系统发生大面积故障，许多卫星因此而失控，不能看电视、不能听广播；手机没信号，不能打电话；科学家一直在观测的星体突然间就找不到了；电力供应出现大面积故障；如果这段时间正好发射卫星，那就惨了，卫星会像只无头苍蝇似的在太空中来回乱窜；客机飞行员在降落时接收不到地面的信息等。

虽然看起来太阳圆乎乎白亮亮的，很可爱，但是千万不要被它蒙蔽了，平时温和的太阳一旦发起脾气来，是非常恐怖的，而我们也经常在媒体上看到关于太阳“动怒”的新闻，如“最近几日将会发生超强太阳风暴”“太阳黑子活动异常，最近手机信号可能受到影响”“太阳近日活动异常活跃”等，这些新闻常常会让人感到不安。

所以说，太阳发怒并不是什么新鲜事，太阳每隔9~14年就会有一次周期性的爆发，大多数人之所以感受不到太阳发怒，是因为地球具有自我保护作用，地球的磁场能够驱散太阳发射的大部分带电粒子。当然，仍会有一些带电粒子进入大气层，进入地球表面，给我们的生活带来困扰。幸亏只是一部分带电粒子，否则的话，人类就会有大麻烦了。火山爆发、地震和太阳发怒比起来，简直是小巫见大巫。

一般来说，在太阳黑子活动的高峰时期，太阳活动也是最频繁的，如耀斑、日冕物质抛射等。太阳会在短时间内释放出大量的带电粒子流，以超高的速度闯入太空，如果是朝着地球方向而来的，只要几分钟便能到达地球。科学家把其中对地球造成影响的活动称为太阳风暴。

耀斑是常见的太阳风暴现象，耀斑的范围不大，持续的时间也很短，一般就几分钟左右，个别耀斑可能会长达几小时。耀斑会释放出大量的能量，同时向外辐射大量的紫外线、X 射线，据科学家估算，一次耀斑产生的能量相当于太阳一秒发出的能量。耀斑发射的大量高能粒子会对地球造成严重的破坏。

发生耀斑时，大量的、高速运转的粒子，短短几分钟就可穿越长达 1.5 亿千米的空间到达地球，并从地球的磁极长驱直入；进入地球后，便会严重干扰电离层对电波的吸收、反射，这些粒子也被称为“电子杀手”，它们可以轻而易举地侵入电子内部，破坏电路、破坏内部构造，使其无法继续工作，而对于它们的破坏，人类却无力阻止。

耀斑多发生在黑子表现异常的时候，两者有着同样的变化周期。而且科学家还发现耀斑大多发生在黑子群附近，太阳黑子多时，耀斑就会经常发生；太阳黑子少时，耀斑就很少发生或者不发生。太阳黑子一般发生在太阳的光球层上。科学家认为，黑子其实是太阳表面的一种由气体组成的旋涡，温度很高，但是与太阳光球层温度相比要低一些，所以显得有些暗。太阳黑子的形成周期很短，一般形成后几天到几个月内就会消失，到时就会有新的黑子产生，以此形成循环。

太阳黑子会发射带电粒子，破坏地球高空的电离层，对地球磁场也会产生一定的影响，因而我们就会看到很多异常的现象：指南针不再一直指南，而是在乱动，不能正确地显示方向，影响轮船的安全行驶；对无线电通信造成严重的破坏，会对飞机、人造卫星、手机等产生一定的影响等。

1801 年，威廉 · 赫歇耳指出，黑子多少还与年降水量有关，当黑子大而多时，地球气候就会比较干燥；当黑子小而少时，则空气潮湿，暴雨成灾。后来有人统计了一下地球的年降水量变化，发现是有周期变化的，其周期变化与黑子的变化周期是一样的。另外，研究地震的科学家发现，当黑子多时，地球上的地震就多，而且地震次数的多少与黑子的变化周期也有一定的关联性。

当然，与我们联系最密切的是，黑子数目变化会影响我们的身体健康。科学家发现，流行感冒往往在黑子数目多的年份发生；人体血液中的白细胞数目变化也与黑子存在一定的关系；黑子会影响人们的心血管功能。其中有趣的一项发现是，黑子少的年份，人们感到肚子饿得比较快。

从目前已知的资料来看，太阳发怒时虽然会产生影响，但一般都比较小，人们需要格外注意的是紫外线。但也不可否认，太阳发怒会给地球带来严重的损失。

探索太阳系的起源

对于生活在地球上的人类而言，太阳无疑是最重要的，地球上之所以能有生命存在，首要功劳应该属于太阳，因而人们对太阳很是关心，也关心与太阳有关的太阳系。太阳系比其他星系更加重要，因此科学家都热衷于探索太阳系的起源。那么太阳系是如何形成的呢？目前主要有以下几种说法。

大爆炸说：按照大爆炸理论，整个宇宙都是在大爆炸中形成的，爆炸后其碎片速度膨胀，体积逐渐增长了几倍、几百倍，甚至上万倍、上亿倍，在膨胀的过程中，产生了气团，气团又产生了核聚变，恒星便由此形成了。而在恒星逐渐成长的过程中，会因为引力被其他恒星吞噬或者吞噬碎片来壮大自己，太阳就是这样形成的。太阳形成后，周围的碎片还有很多，这些碎片会逐渐膨胀，与其他碎片因为引力而相遇相撞，有些会以固态的形式保存下来，固态物质会不断地吞噬其他较小的物质，然后不断壮大，成为较大的物质，直到形成行星和卫星的系统。而这个系统中，其他碎片会在漫长的岁月中逐渐稳定下来，并且在引力的牵制下找到适合自己的位置，太阳系由此形成。

星云说：根据恒星演化理论，太阳系中的物质都是由一团星云形成的，这团星云大约在46亿年前形成，主要成分是氢分子，经过不断地收缩冷却，星云的中心部位形成了太阳，而星云的外围部分则形成了各颗行星。这个说法是由康德提出来的，康德认为太阳先形成，然后是行星；而法国的拉普拉斯则认为是行星先形成，然后是太阳。虽然他们的说法有差异，但是他们都认可太阳系是由星云形成的。

灾变说：这种说法认为太阳系是由于灾变而形成的。在某次灾变中，有颗恒星或者彗星从太阳附近经过，由于受到太阳引力的吸引，两者相撞，一部分物质在碰撞中被分离出来，而这些物质就形成了后来的行星。这种说法具有取巧性，即先要有太阳那样的恒星存在，然后有恒星或者彗星经过，这是两个必要的条件。

按照这个说法，太阳系的形成是偶然的，但是整个宇宙中星系非常多，行星更是数不胜数，不可能都是偶然形成的。另外，如果撞击太阳的星体质量很小，那么它不可能把太阳中的物质碰撞出来，反而会被太阳吞噬。相反，如果是质量比太阳大的星体，那就更不合理了，根据引力定律，应该是太阳被质量大的星体吸引过去，所以这是不可能的。

“灾变”说在19世纪末至20世纪40年代是非常流行的，当时很多学者都提出了自己的看法，如美国张伯伦的星子说、杰弗里斯的碰撞说、霍伊尔的超新星说、施米特的陨星说等，虽然众说纷纭，但是很快便有科学家指出其中的不合理之处，渐渐地，相信这种说法的人越来越少。

俘获说：这种学说的前提是太阳首先存在，然后一些星际物质恰好经过太阳附近，被太阳引力吸引过去，即被太阳俘获，然后这些物质开始做加速运动，就像滚雪球般不断地壮大，最后成为行星。

通过以上几种假说，我们可以看到它们之间存在一个共同点，那就是对太阳系中行星是如何形成的很重视。根据他们的猜测，行星的形成方式大致有五种：第一种，先形成质量很大的原行星，然后演化为行星；第二种，根据德国物理学家魏茨泽克的“旋涡说”，先形成湍涡流的规则排列，然后在次级涡流中形成行星；第三种，先凝聚成大小不一的固体块，即星子，然后由星子进一步凝聚成行星；第四种，先形成环体，然后形成行星；第五种，先形成中介天体，然后再结合成行星。这五种形成方式是根据科学家的猜测提炼出来的，并不是说行星一定是由这五种方式形成的。

各种学说都是依据翔实的观测数据提出的，都有自己的合理之处，有些通过计算也能得以成立，但也都有着不足之处，即不能对某些现象进行解释。就目前来说，“星云说”是较为科学的说法，但这种说法也有很多不足之处。太阳系究竟是如何形成的，还有待今后科学进一步揭秘。

太阳伴星之谜

宇宙中存在许多双星系统，也有许多三星系统，而对于太阳，人们总是认为它是一颗单星，然而事实真的是这样吗？

美国古生物学家劳普和塞普科斯基在经过多年的研究后发现一个现象，那就是在地球过去的2.5亿年间，大约每隔2600万年就会发生一场严重的灾难，这场灾难会给地球上的生物带来灭顶之灾。同时两人还指出了灾难之所以发生的原因，即由彗星的攻击造成。可是，这些彗星是从哪里来的，它的攻击为什么会这么有规律呢？

1984年，物理学家们又提出了一种新的理论，那就是太阳并不是单星，而是有一颗伴星相伴。与太阳滋养万物不同，这颗伴星可以说是地球生物的杀手，正是由于它的存在，所以每隔2600万年便会有彗星攻击地球，让地球生物灭绝。据有一种推测，恐龙之所以灭绝，就是因为地球遭受了彗星的攻击。基于此，科学家为这颗伴星取名为“复仇星”。

“复仇星”理论提出后，引起了科学家极大的热情和兴趣，因为毕竟“复仇星”和太阳一样，都是与人类休戚相关的，如果人类不能够破解“复仇星”的奥秘，那么地球难免不会再次遭受彗星的攻击，到时人类恐怕就会像恐龙一样灭绝了。根据开普勒定律推算，“复仇星”的轨道半径为1.4光年，是地球轨道半径的8万多倍，从这个距离看，它离太阳非常近。不仅如此，还推断出了“复仇星”可能就是很暗的红矮星，所以科学家才没有发现它的存在。

如果“复仇星”真的存在的话，那么它在哪儿呢？

为了能够找到“复仇星”，科学家利用最新的天文望远镜进行观察，每隔一段时间就拍下暗星照片，希望能够从中找出“复仇星”来，但到目前为止，还是没能发现“复仇星”的痕迹。

1985年，有科学家假设“复仇星”真的存在，他用一种新的方法来计算“复仇星”的轨迹，经过长期观察、仔细推测，他确定了大多数彗星的运动方向都与太阳系行星运动方向相反，并且计算出“复仇星”的轨道与黄道近乎垂直，这为寻找“复仇星”提供了方向。

另外，有科学家认为，“复仇星”可能是受到其他恒星引力的影响，因而改变了原来的运行轨迹。要知道，在宇宙中，距离较近的两颗星体难免会受到彼此引力的影响，就像地球和太阳一样，地球受太阳的吸引，因而围绕着太阳运转，又因为自身的重力和引力相平衡，所以才没有被太阳吸附过去，然而其他行星体就不会有这样的好运了。有科学家指出，“复仇星”的寿命最多为10亿年。也就是说“复仇星”是在太阳形成以后出现的，因为二者距离很近，所以太阳的引力将“复仇星”吸引了过来，然而由于受到其他星体的引力影响，又逃出了太阳引力的范围。又有科学家说，即使没有受到其他星体引力的影响，“复仇星”也不可能在那么久的时间内轨道没有任何变化。

目前，太阳系中有八大行星以及卫星、彗星等，美国物理学家韦米尔和梅梯斯认为，在太阳系中之所以不能发现第九颗大行星，就是因为这颗行星可能遭遇到彗星的攻击而消失了。基于此，两人提出了一种新的设想：在冥王星的轨道外存在一颗X行星，而且在海王星外的太阳系平面中存在一个彗星带，当 X 行星进行周期运动时，便会从彗星带旁经过，破坏彗星的轨道，从而使大量的彗星转移方向，有些向太阳系内部运动，甚至奔向地球，因此造成了地球生物的灭亡。美国科学家海尔斯则通过计算得出，“复仇星”在过去的 2.5 亿年中，其轨道周期发生了变化，而且变化比例应为 15%。

关于“复仇星”的说法很多，针对“复仇星”轨道的说法也有很多，但是不管是哪种说法，都存在一定的偏差，因为科学家缺少翔实有用的资料来进行判断，因此不要苛求关于“复仇星”的周期、轨道等说法有多准确。

约翰・马特斯、帕特里克・威特曼和丹尼尔・威特米尔等科学家则从研究彗星着手。他们认为，既然以往给地球生物带来灾难的是彗星，那么研究彗星也许会有些发现。他们研究了 80 多颗彗星，发现一个奇怪的现象：彗星的运动轨道似乎都受一种位于冥王星外、太阳系边缘的星体的引力影响，所以才会呈带状分布排列。那么，这些彗星是受什么星体的影响呢？会不会就是太阳的伴星呢？约翰・马特斯等人认为，最好的解释是冥王星外、太阳系边缘地带可能存在一颗不为人知的太阳伴星——褐矮星，褐矮星和太阳相互围绕着运转。但是褐矮星的说法也只是一种猜测，太空望远镜还没有发现它的存在。

科学家威特米尔认为，褐矮星之所以未被人们发现，是因为它处在太阳系的黑暗地带，接受不到太阳光的照耀，因而也就没有光线反射。地球上的生物之所以灭绝，就是因为这颗褐矮星。褐矮星在经过彗星地带时，由于引力作用，一些彗星便会被吸出，落在地球上或者其他星体上。地球上的生物每隔 2600 万年灭绝一次，就是因为褐矮星每隔 2600

万年经过彗星地带附近一次。

有些科学家对“复仇星”的说法存在质疑，并且认为，即使真的有“复仇星”存在，那么彗星攻击地球也不一定都是 2600 万年。但无论如何，科学家对此都不能掉以轻心。

如今，科学家正在提升天文望远镜的性能，希望能够早点捕捉到太阳伴星的踪影，如果能够发现其踪影，那么离破解太阳伴星之谜也就不远了。科学家会根据太阳伴星的情况积极思考、应对，这其中就包括用核武器击穿彗星。当然，这些目前还只是猜想，但是能够早点发现太阳伴星，早点揭示地球上的生物之所以每隔 2600 万年就会灭绝一次的原因，就会使人类避免“重蹈覆辙”。

形形色色的假太阳

传说在上古时期，天上曾经有 10 个太阳，他们都是东方天帝的儿子，每天轮流在天空中遨游，可是后来他们觉得日子很无趣，便约好一起出现在天空中，这样空中就出现了 10 个太阳，使得地球上的热量一下子增大了 10 倍，太阳烤焦了大地，烧死了许多动物和人类，田地出现裂缝，庄稼也种不活了。人们白天只能躲在屋内，即便如此，还是有不少人被热死，晚上则出来寻找水源。然而由于天气太热，大海中的水都被蒸发掉了，鱼类死在干涸的海底，人类面临着严峻的生存危机。

东方天帝知道后，就派遣后羿下凡，让他帮助人类解决面临的困难，也让他教训下几个不听话的儿子。后羿本想跟太阳们好好商量，希望他们能够和往常一样轮流在天空中遨游，但太阳们根本不听后羿的话，还是一起出现在天空中。后羿很生气，于是拈弓搭箭，朝着天空中的太阳射去，箭无虚发，一连射下了 9 个太阳。地球上终于不再炎热，人们可以出来活动了。可是天帝知道后，责罚后羿不准再回天庭，同时命令余下的太阳天天在天空中遨游。

这是“后羿射日”的故事，虽然是虚假的，但是也给人们留下了疑问：为什么古代人会想出这样的故事呢？难道说古代人曾经见过有多个太阳同时出现在天空中？两者比较，很明显后者更让人信服。古时科技不发达，古人见到多个太阳，而后来多余的太阳又消失了，他们不知道发生了什么，便想到是有神仙用弓箭把太阳射掉了，于是便有了“后羿射日”的故事。

然而在现实中，确实有人曾经看到过 5 个太阳，那么多余的 4 个太阳是从哪里来的呢？它们都是真实的太阳吗？它们会像是神话故事中所描述的那样轮流遨游吗？

1985 年 1 月 3 日，黑龙江省绥化市大雾弥漫，将近 11 时，突然出现了一幅奇怪的景象：天空中出现了 5 个太阳，抬头望去，只见中间那个太阳最大，呈火红色，边缘是金黄色，在这个太阳的两侧各有两个小太阳，小太阳也很明亮，只不过和中间那个太阳相比要弱很多，一个近乎透明的白色圆环把 5 个太阳连贯起来，看起来就像是一条项链上的几颗珍珠，十分美丽壮观。

天空中为什么会出现这样奇怪的景象呢？天文学家认为，其实所谓的 5 个太阳或者 10 个太阳中，只有一个太阳是真实的，其他的太阳是假的。其中假太阳是太阳光通过不同形态的冰晶所形成的光亮点，往往会对称出现，有时数量可以达到八九个。这种现象是不容易形成的，对太阳光通过在冰晶的位置以及冰晶的形状有着很严格的要求，所以在平时很难见到这种现象，也难怪古人会把这种现象跟神仙联系起来，因为这种情况确实很怪异。另外，这种情况很难持久，一旦光线改变，或者冰晶的形态改变，这些假太阳就会散去，只留下一个真实的太阳。

这种现象虽然罕见，却在不少地方被发现，如美国学者曾经拍摄了一张“方形太阳”的照片，这位学者名叫查贝尔，他是在观看日落时发现的这种奇怪的现象：太阳正在西沉，不知怎的，慢慢地变成了椭圆形，然后逐渐演变，出现了 4 个棱角，竟然成了一个方形太阳。查贝尔把这个过程拍摄了下来。这组照片出来后轰动一时，从那以后，照片一直作为珍贵的资料被人们引用。

其实，这种方形太阳是因为太阳光发生折射、反射而形成的。由于大气层的厚度、密度不一样，所以光线在通过大气层时会出现折射或者反射等现象，所以我们就会觉得仿佛是太阳改变了形状，形成了方形太阳，其实太阳还是圆形的，只不过是经过大气层折射、反射后，落入人们的眼中就成了方形太阳。

无独有偶，还有人拍摄到了绿色的太阳。1979 年 7 月 20 日傍晚，一艘帆船正在航行，船上的人突然看到西边本来变得通红的太阳发出了耀眼的绿色，绿色光出现的时间很短，几乎是一闪而过，那么绿色的太阳是怎样形成的呢?

所谓绿色的太阳，其实是太阳光被大气层折射、反射形成的。我们知道，太阳光是由红、橙、黄、绿、蓝、靛、紫 7 种单色组成的，由于大气层的密度不均，就会产生“气体三棱镜”，然后太阳光照射在“三棱镜”上时就会被分解为 7 种单色，7 种单色经过折射或者反射后，有的光线会被挡住，有的光线却会逃逸出来，有时光线经过大气层后便消失在了地平线下，只有绿光穿过大气层，所以人们便看到了绿色的太阳。

绿色太阳的形成是需要条件的，首先是时间，日落时，光线比较鲜艳，此时大气对光线产生的折射、反射现象很少；然后是观测地点，最好站在高处，这样可以清晰地看到远方的地平线；另外还要注意，绿色的太阳一般出现的时间很短，只有短短的几秒，所以在观测时要十分专注。

通过对以上几种现象的分析可知，真实的太阳只有一个，而假太阳是可以出现多个的，而假太阳的形成大多是太阳光和大气层互相作用的结果。所以当天空出现这种情况时，不要迷信，而应把它当作一种不常见的自然景观，静静观赏。

[地球的兄弟姐妹]

独特的水星

水星，也被称为辰星，是太阳系中公转速度最快的行星，同时也是八大行星中体积最小的行星，虽然小，但是仍比月球大 1/3。在太阳系的行星中，水星拥有最大的轨道离心率和最小的转轴倾角，大约 88 天便能够绕太阳一圈。

在公元前 5 世纪，水星被认为是两颗不同的行星，因为水星经常交替出现在太阳的两侧，因此古代人还给它起了两个名字：当它在傍晚出现时，被称为墨丘利，这也是水星英文名字的由来；在白天出现时，被称为阿波罗，是为纪念太阳神阿波罗的。直到毕达哥拉斯指出这两颗行星是一颗行星时，人们才发现了以往的错误。

水星是太阳系中最独特的行星，之所以说独特，是因为以下几个方面：

首先，水星是太阳系中最接近太阳的行星，距离为 5790 万千米，这个距离是太阳到地球距离的 0.4 倍。到目前为止，还没有发现与太阳更近的行星。按说离太阳这么近，水星应该是非常明亮的，从地球上观察的话，应该很容易看到，而事实上却不是这样，水星离太阳太近，除非有日食，否则一直被太阳的光芒笼罩着，是很难发现的。所以，在北半球通常只能在凌晨或者黄昏时看见水星，又或者等太阳直射点转移到赤道以南时，人们才能在黑夜中看到水星。

其次，水星是八大行星中最小的一颗，引力也非常小，但是水星却像地球那样有一个大气层，不过这个大气层相当稀薄、微量，而且在太阳的照耀下，水星大气层被迫转移到背阳的一面，因而导致了水星表面的温差非常大。向阳的一面，由于没有大气调节，温度非常高，可达到430℃；而背阳的一部分，在夜间温度最低为-160℃，昼夜温差接近600℃。昼夜温差如此之大，因而科学家推测水星上不可能有生物存在。

水星的地貌也很独特。表面跟月球很相似，布满了环形山、大峡谷、高山、平原、悬崖峭壁等，其中环形山大约有上千个，跟月球的环形山相似，不过坡度比月球要舒缓一些。水星上最热的地方是卡路里盆地，直径为1300千米，当水星运行到近日点时，太阳直接照射在这里，因而温度非常高。科学家猜测这个盆地很有可能是因为行星攻击产生的。水星的地势起伏很大，造成这种现状的原因是起初水星核心冷却收缩时引起了外壳起皱。由此可以推断，火星表面上比较平坦的地区都是后来形成的，或是熔岩灌入导致的。

太阳系中，除了地球外，水星是密度最大的行星。水星从表面上看，和月球很相似，然而内部却像地球一样，分为壳、幔、核三层。科学家推测水星的外壳是由硅酸盐构成的，中心有个由铁、镍和硅酸盐组成的内核，所含有的铁的百分率超过目前已知的其他行星。科学家推算，水星中铁含量为2万亿吨，按照地球目前的年产量来计算的话，水星上的铁足够人类开采千亿年。由此可知，科学家提出去其他星体上寻找地球的替代能源是非常有道理的。

按照水星的成分来说，水星的质量应该更重一些，但它并没有那么重，这可能是由于被微星体撞到后失掉了一部分。还有个说法是水星存在的时间可能比太阳还要长久，在太阳爆发能量之前，水星就已经很稳定了，那个时候的水星质量大概是现在的两倍，但是由于原恒星坍缩，温度上升，水分蒸发，形成岩石蒸汽，被星系风暴卷走，因而导致质量下降。

由于水星距离太阳很近，受太阳引力影响，其轨道运转速度比其他行星要快许多。据科学家推算，其速度为每秒 48 千米，人若按照这个速度，只需要 15 分钟就能围着地球跑一圈。同时，水星的公转速度也是非常快的，绕太阳公转一周只需要约 88 天，而地球绕太阳公转一周需要 365 天。

虽然绕太阳公转的时间很短，但是水星的“一天”却十分漫长，和地球做对比的话，地球自转一周就是一昼夜，水星自转三周才是一昼夜。据推算，地球上过去了 176 天，水星才过去一个昼夜。这倒应了“天上一日，人间一年”的说法，但对于日出而作、日落而息的地球人来说，是很难适应水星上的昼夜变化的。

随着科技的发展，科学家从太阳系中发现的卫星越来越多，然而水星没有自然卫星，唯一靠近过水星的卫星是美国探测器水手 10 号，它在 1974—1975 年探索水星时只拍摄到大约 45% 的表面。

很多人通过望远镜见过“水星凌日”的现象，即当水星运行到太阳和地球之间时，我们就会看到太阳上有个小黑点穿过。这个原理与日食、月食很相似，水星和地球绕太阳运行的轨道不在一个平面上，而是有一个倾角，当水星和地球的轨道在同一平面上，水星、地球、太阳又处在同一条直线上时，就会发生“水星凌日”的现象。只不过水星离太阳太近了，能遮挡的太阳面积很小，因而不能让太阳光减弱，所以人们通常用肉眼是看不到“水星凌日”的，只能借助于望远镜。“水星凌日”可能发生在一年的5月8日左右、11月10日左右，但是由于水星与地球的公转轨道存在一定的夹角，因此这种天象每一百年大概发生13次。

由此可见，水星是太阳系中多么独特的一颗行星，它创造了许多的行星之最，而且水星上仍然有不少的秘密等待着人们去挖掘、去了解。

火星那些事儿

如果你能到火星上旅行，你会发现火星的上空悬浮着的是淡红色的云彩，整个天空呈橙色，而不是地球上我们看到的蓝天白云。而且火星的大气层很稀薄，主要是二氧化碳，如果你想在火星上行走，那么至少需要一个氧气罐。另外，你会看到火星的表面是坑坑洼洼、荒芜原始的，这会让你想起“盘古开天辟地”时的场景。你也会看到上千个大小不一的环形山，以及巨大的峡谷，其中最大的峡谷叫作“水手谷”。峡谷十分陡峭，你甚至能通过痕迹推断出这里曾经发生过陷落或者山崩。

如果运气好的话，你会看到一座高山上耸立着一块巨大的人面石，之所以称它为人面石，是因为它有着和人类相似的五官。它的五官比人类的大得多，脸足有16千米长、14千米宽，看起来和埃及狮身人面像也很相似。有科学家在研究后称，人面石很有可能是由人雕刻而成的，因为人面石上有非常对称的眼睛、瞳孔，而自然形成的石像往往无法做到这点。这种石像在火星上很多，有的甚至连头发都可以看清楚。在火星的北半球可以看到奇怪的直径很小的圆形广场，也可以看到修建完整的道路。科学家对这种现象感到非常奇怪，各执已见，却又没有准确的结论。

在赤道地区，你可以看到不少干涸的河床，河床宽阔而弯曲，最长的约 1 500 千米，宽达 60 千米。你甚至可以看清一些大河的支流，你会觉着这里曾经有水流过，或者是个湖泊，也许这里曾经森林茂密、鸟语花香，珍禽异兽数量很多，也许还会有“火星人”存在。

种种迹象表明，火星曾处于潮湿状态，但因为环绕火星的卫星证实了巨大的陨石坑曾经是一个火山湖。火星车在一个水流的沉积物成扇形的三角洲着陆而发现了它。这个 65 千米宽的陨石坑虽然已经彻底干枯了，但是种种迹象表明古老的火星上曾经很湿润。三角洲位于火星南部高地的厄伯斯华德陨石坑，看起来像是一个向右边凸进的半圆。它是在 37 亿年前一次小行星的猛烈撞击下形成的。陨坑只有右边是完整的，其余的被一个由后来陨石猛烈撞击形成的更大的霍尔登陨坑所掀起的碎屑覆盖。这就是原始的火山湖。

在火星的两极地区，能看到“极冠”，极冠是白色的，因而显得很突兀，夏天的时候，它会收缩变小；等到了冬天，又会扩大。近年来有科学家确认，极冠是由干冰组成的。极冠看起来很像是覆盖在火星南北两极上的冰雪。

火星上还有另一种独特的现象，那就是尘暴。在一年之中，火星至少有 1/4 的时间看起来像是一片橘红色的云，这是因为火星土壤中铁含量非常高。火星几乎每年都要刮一次特大风暴，在地球上，我们更熟悉的风暴是台风，台风的风速是每秒 60 多米，而在火星上则能达到每秒

180 多米。尘暴会逐渐蔓延开来，致使整个火星狂沙飞舞。科学家经研究发现，之所以产生尘暴，是因为火星运行到近日点时，太阳对火星表面的加热作用较大，导致热空气上升，尘埃扬起；等到太阳加热作用减弱，火星上温差减小后，尘暴就会慢慢地平息下来。

1877 年，美国科学家发现火星有两颗卫星。火卫一离火星不到 1 万千米，运行速度非常快，从火星上看，它是西升东落的，而且一般每天有两次西升东落的过程。但是由于它距离火星太近，所以无论站在火星的什么位置都无法从地平线上看到它。火卫二离火星稍微远一些，有 2 万多千米，从火星上看，它是由东升西落的，而且通常 5 天多的时间才能看到它东升西落一次。这两颗卫星形状都不规则，运行轨道也不稳定，火卫一有不断加速的现象，而火卫二看起来正在慢慢地远离火星。

行星中最让科学家感兴趣的就是火星，因为火星和地球有着很多相似之处，有“小型地球”的称号。虽然火星上昼夜温差较大，空气中二氧化碳浓度太高，缺少足够的氧气，但是科学家已经根据火星的情况提出了“千年改造计划”，即首先对火星加热，使其升温，制造温室效应，改善火星的空气，多种树，建立火星生态系统，增加氧气的含量；其次是建立火星农业、工业等体系，让生活在火星上的人能够自给自足；再次是建造房子等生活基础设施；最后是火星旅游或者火星移民。

目前已经在火星上发现有水的痕迹，等到时机和技术条件成熟时，火星也许会成为人类移民外星的第一选择。

火星上有生命吗

火星与地球存在着许多相似之处，如都有昼夜之分，自转周期与地球相近，都有四季变化；火星上有大气层，主要成分是二氧化碳等。所以，一直以来人们认为火星上可能存在生命，因而多年来，总是不断地向火星发射探测器，希望能够在火星上发现另一种生命形态。

20 世纪 60 年代中期以来，人类对于火星的探索就没有终止过。美国和苏联相继发射了宇宙飞船，从飞船传回的照片来看，火星表面坑坑洼洼，很像月球，而且还有许多环形山。检测火星大气时发现，空气中含有氧、氮、氢、碳等基本元素，这些元素都是生命存在的必要元素。

不久后，美国科学家发现，火星上有两个地方可能存在水分。从“海盗”号着陆器传回的资料来看，这两个地区的水蒸气相比火星其他位置要多十倍，因而科学家断言火星上有地下水，但是没有发现液态水。有科学家根据火星上的大气构成、河床等猜测，火星上有高级生命存在过，至少有低级的生命形态。

2003 年美国发射了“勇气”号和“机遇”号火星车，2007 年发射了“凤凰”号着陆器，2011 年发射了“好奇”号核动力火星车，这些先进的探测器可以帮助科学家更加了解火星。目前，虽然还没发现生命存在，但是探测器在火星上发现了冰冻水，而水是生命存在的必要条件，没有水就没有生命存在。

科学家发现火星上有许多干涸的河床，这似乎暗示了火星上曾经有过河流，然而现在只剩下了干涸的河床，如果有水存在，那么那些水去哪里了呢？科学家指出，在火星早期，火山频繁爆发，喷出了大量气体，这些气体让火星温暖如春，因而火星上的冰层被融化；但是后来火星上火山爆发的强度越来越弱，次数越来越少，使得火星上变得又干又冷，所以才会留下河床。但不管怎样，冰冻水的发现让科学家感到很兴奋，这表明火星是很有可能存在或者曾经存在过生命的。

冰冻水的水域面积有近 6 万平方千米，水深近 300 米，大约有 114 个青海湖的水量。据估计，在火星上，不同位置的冰冻水的深度是不相同的，在火星南纬 60° 的地区，向下挖 60 厘米才能看到冰冻水，而在南纬 75° 的地区，只需向下挖 30 厘米就能看到冰冻水。除了南半球，火星的北半球也有类似的冰冻水。

科学家还在火星上发现了一种叫作“斯蒂文石”的土矿，这说明火星上可能曾有生命存在。这种土矿曾在地球上发现过，只有最早期的微生物才能形成这种土矿，因而科学家猜测，火星上可能存在类似的微生物。将微生物与土矿联系在一起的是澳大利亚科学家鲍勃·布尔纳，在此之前，科学家认为“斯蒂文石”土矿只有在极端条件下才能形成，因而布尔纳的这个发现引发了科学家对火星是否存在生命的一系列疑问。

布尔纳说：“从表面上来看，火星上的‘斯蒂文石’可能是极端环境形成的，比如火山爆发等，但是我们在研究中发现，这种黏土矿也是可以由微生物形成的。这个发现，或许能够帮助我们明确火星上是否存在过生命。”

在研究“斯蒂文石”的过程中，科学家发现里面存在微生物岩，而微生物岩是证明地球早期存在生命的有力证据，因而这也成了科学家确定这颗红色星球曾出现过生命的关键证据。

另外，有研究人员发现，在火星上似乎只有一些最简单古老的生物才能存活，这种生物能够利用二氧化碳和氢进行新陈代谢，产生甲烷，因而被称为“产烷生物”。这种生物不需要氧气便能存活，经常生活在比较潮湿的地方。

目前，科学家正在做一个试验，他们选择了两种产烷生物——沃氏甲烷嗜热杆菌和甲酸甲烷杆菌，按照火星上的气温条件进行试验，负责这项试验的丽贝卡—米科尔说：“之所以选择这两种产烷生物，是因为一种是超嗜热菌，能够在高温的环境中生存，另一种是嗜热菌，能够在温暖的环境中生存。火星上的温度变化幅度非常大，如果它们能够通过这项试验，那么至少说明产烷生物是可以在火星生存的。”

如果产烷生物能够在火星生存，那么火星上存在生命的说法将会更加让人信服。火星上存在水，而水是碳基生命诞生的源泉，因而科学家总是循水的痕迹去寻找生命。火星上到底有没有生命？相信这个答案总有一天将会揭晓……

地球的姐妹星

传说中，李白出生的那天发生了一件不寻常的事情，向来很少做梦的李母突然梦见太白金星落入怀中，然后李白就出生了，于是李母给孩子取名为李白，字太白。李白才华横溢，长衣飘飘，很有几分“仙气”。他为人不羁，仗剑游天下；他的诗风豪迈，很有想象力，他可以“欲上青天揽明月”，也可以“直挂云帆济沧海”，因此人们把李白称为“诗仙”。

上面所说的太白金星指的就是金星，金星是太阳系的八大行星之一，是太阳系中唯一没有磁场的行星。古代人之所以称金星为太白金星，是因为传说中太白金星是位童颜鹤发的老神仙，常常奉玉皇大帝的命令查看人间万事。在古典小说中，可以经常看到太白金星的传奇故事，由此可以看出，太白金星在百姓间的威望和人气。其中还有个原因就是金星太亮了。

金星在夜空中的亮度仅次于月球，排第二，要比除太阳外最亮的恒星天狼星明亮 14 倍，即使夜晚望去，它也像一颗钻石那样熠熠生辉。金星之所以这样亮，首先是由于周围有着浓密的大气和云层，可以反射太阳光；其次是除水星外，金星到太阳的距离最近，所以接受的太阳光很多，再加上大气的反射，使得金星看起来非常明亮。在日出前和日落后，金星的亮度才能达到最高。由于在地球上看金星与太阳的视界角度最大为 48°，所以很难整天看到金星。而且金星出现在太阳之前，所以金星的出现就意味着太阳也要出来了，因而被称为“启明星”；当太阳落山后，金星又出现了，因而被称为“长庚星”。金星出现的位置也有规律，一般是在天空的东侧和西侧。

因为质量与地球相似，所以有人将金星称作地球的姊妹星。金星与地球确实存在很多相似之处，如金星的半径、体积、质量与地球等相差不大，金星上也存在闪电现象，地形也和地球很相似，如有相当高的山脉，也有平坦的平原。根据探测器传回的照片和数据显示，金星表面上70% 左右的地方是玄武岩平原，高原约占 10%，剩下的都是凹地，坑洼不平。金星上还存在水，但是储量只有地球的十万分之一。

金星与地球也有许多差异之处，如金星的表面温度非常高，高达500℃，这是因为大气中氧气很少，二氧化碳占据了 97% 以上造成的。二氧化碳就像是温室大棚上的膜，把金星遮得密不透风，再加上太阳照射，所以金星上的温度越来越高；金星降雨时落下的不是水，而是硫酸，而硫酸是腐蚀性非常强的液体；大气压是地球的 90 倍左右，如果人站在金星上，恐怕瞬间就会被压扁；金星上没有四季变化。从这些方面来说，金星上恐怕很难存在生命，同时也表明金星和地球是截然不同的两颗行星。

金星的自转方向和地球是相反的，和天王星相同——自东向西。在地球上，人们常用“太阳从西边出来”来形容难以做到，或者非常意外的事情，而如果站在金星上，你会发现太阳确实是从西边升起来、东边落下的。金星公转的轨道是个接近圆形的椭圆形，离心率小于 0.01，其周期为 224.65 天，公转速度约为每秒 35 千米。而金星的自转周期是八大行星中最慢的，约 243 天。也就是说，金星的恒星日比一年还要长。

要想在金星上看到一次日出和日落，需要地球上的116.75天。

从太阳的北极来看太阳系的所有行星，你会发现除了金星外，所有的行星都是以逆时针方向自转的，只有金星是按顺时针方向自转的。自从发现金星以来，金星自转的缓慢以及逆行都令科学家百思不得其解。当金星刚开始形成时，一定与其他行星一样都是逆时针方向自转的，速度一定比现在要快很多。有科学家猜测之所以会这样，很有可能是因为其他小行星与金星相碰造成的。还有另一种说法，就是受金星大气层上的潮汐效应影响，金星的轨道处于地球轨道的内侧，在两颗行星相距最近的时候，潮汐力便会减缓金星的运转速度，慢慢地演变成如今的状况。

科学家认为，在刚开始时金星是非常像地球的，如果不是因为某些意外情况，金星也许会成为第二个地球，如今金星非但没有成为生命的乐园，反而成了“地狱”，这是为什么呢？因为金星上二氧化碳过于浓郁，产生的“温室效应”使金星表面温度不断上升。而如今地球上由于人类砍伐树木，大量燃烧煤炭、石油等，“温室效应”正在加剧，使得地球的温度不断上升，如果不加以遏制，恐怕地球会成为下一个金星。所以研究金星是非常有意义的，可以让人类汲取金星的教训，把我们的大家园——地球建设得更好。

密集的小行星带

1766年，德国天文学家提丢斯提出了一条关于行星距离的定则，即“提丢斯—波得”定则：数列（n+4）/10，将n=0、3、6、12……代入，就可以测算出行星与太阳的距离。起初这个定则并没有得到人们的注意，直到1781年，英国天文学家赫歇耳发现了天王星，通过计算得出天王星与太阳的距离为19.2个天文单位，按照提丢斯定则计算得出的结果是19.6个天文单位，两者之间的差别不大，提丢斯定则由此被天文界广知。

天文学家利用这个定则计算各个行星的距离，结果相当准确地测出了很多行星的距离，然而在“2.8”处却没有行星，按照法则，这个地方是该有行星的。天文学家百思不得其解，直到1801年，皮亚齐在例行的天文观测中，突然间发现了一个新天体，经过计算，它距离太阳大约为2.77个天文单位，后将其命名为谷神星。

谷神星的发现，让越来越多的人相信提丢斯定则是正确的，然而不久后，人们又有个新的疑问：经过测算，谷神星的直径并不像火星、水星那样很大，相反它是一颗很小的行星，这是什么原因呢？1802年，德国医生奥伯斯又发现了一颗小行星——智神星，智神星的距离与用提丢斯定则计算出来的基本一致，人们更加相信提丢斯法则。不久后，第三颗“婚神星”、第四颗“灶神星”……相继被发现，到了20世纪90年代，已经发现和登记在册的小行星已有 8000 多颗。据统计，小行星的总数大约在 150 万颗。数量之多，令人惊叹。

这些行星绝大多数都位于火星和木星轨道之间，在离太阳 2~4 个天文单位的区域内活动，这个区域行星非常多，但由于它们质量都很小，因此这个区域被天文学家称作小行星带。虽然说是行星带，行星数量众多，但并不是我们想象中的跟棋盘一样紧密相连，而是彼此间的距离非常远，基本上处于一种平衡状态，所以小行星彼此很难碰到。由于彼此间距离远，所以太空船能够安全通过而不会发生意外。当然，有的小行星会因为某些原因与其他星体相撞，比如与地球相撞，但是由于会与地球大气层相摩擦，所以真正能够进入地球的非常少。

而事实上，我们对于小行星的了解也大多是靠分析这些落在地球地面的碎石。天文学家对这些碎石进行分析后发现，其成分中最多的是二氧化硅，然后是铁和镍，天文学家把含二氧化硅较多的称为陨石，含铁量大的称为陨铁。目前，天文学家把这些小行星分为三类。

靠近木星轨道，在小行星带的边缘部分，有着含碳量丰富的小行星，数量非常多，占总数的 3/4 以上，这些行星反射率很低，所以看起来非常暗淡，颜色偏红。这类行星被称为 C– 型小行星。

距离太阳 2.5 个天文单位附近的小行星反射率很高，这类行星表面含有硅酸盐和一些金属，但是碳质化合物成分不是很明显。我们知道，原始太阳系的成分是由碳质化合物组成的，也就是说这类行星可能不是在原始太阳系形成时出现的，或者是因为太阳系的溶解机制而导致其发生了变化。这类行星被称为 S– 型小行星，数量仅次于 C– 型小行星，约占 17%。除这两类外，剩下的大多数行星属于 M– 型小行星，这类行星颜色偏白色或者微红色，天文学家从它们的光谱中发现其含有铁或者镍类的谱线。

到目前为止，已经有不少探测器探访过小行星，通过传回的照片来看，这些行星表面跟月球一样，崎岖嶙峋、坑坑洼洼，有裂谷、有深坑，大多是由于碰撞而形成的。小行星的质量很小，因此在演化过程中不会像其他大行星一样发生大的变化。也就是说，小行星目前的状态很接近太阳系刚形成时的形态。这些小行星上记载着很多太阳系刚形成时的信息，研究这些小行星，对研究太阳系起源有着很重要的意义。

目前关于小行星带是如何形成的说法很多，如有天文学家认为，在太阳系刚形成时，各颗行星都分布有序，但是只有火星和木星之间本来应该有颗大行星，但是由于引力等原因，这个区域的物质并不能相互吸引、相互碰撞，而是形成了数量众多的小行星；还有天文学家认为，在小行星带附近原先有颗大行星，但是后来发生了爆炸，爆炸后产生的大量碎片逐渐演化为了小行星；也有人认为，在火星和木星之间存在着 8 颗左右谷神星大小的行星，但是这些行星在漫长的岁月中不断地碰撞，然后分裂出的物质形成了一颗颗小行星；还有个“半成品”的说法，太阳系形成初期，由于缺乏某种条件，火星和木星间不能形成大的行星，而是形成了大行星的“半成品”，即小行星。

关于这些小行星带的起源的多种说法虽然都有一定的道理，但是又存在很多不能解释的现象，因而关于小行星带的起源目前尚未有一个统一的说法，天文学家正在积极地研究其起源之谜。

木星：行星里的大哥大

在人们的常识里，鲜花大多是在春天开放的，因为春天温度适宜，鲜花能够很好地成长，然而有的花却偏偏在严寒中绽放，成为例外，如梅花；一般来说，体积越大的物体，质量越大，然而脉冲星体积越小，质量反而越大，因此成为例外；而在太阳系中也存在着一个例外——木星。

木星为太阳系中从内向外数的第五颗行星，是太阳系中体积最大、自转速度最快的行星。木星的卫星数量非常多，目前发现的已有 68 颗。木星和太阳系中其他行星不同的是，木星的质量很大，超过了其他七大行星质量的总和。还有一点不同之处，那就是木星不仅能发出红外线，而且还能发出强大的无线电波。

太阳系中其他行星的无线电波很短，属于短波，然而木星不一样，木星发出的无线电波波长有长有短，目前发现短的只有 1 毫米左右，长的有几百米。由此可以看出，木星相比太阳系中的其他行星来说强出很多。

为了研究木星，科学家多次发射宇宙飞船到木星上考察，结果发现：木星上的磁场比较强，表面磁场强度达 3~14 高斯。这是非常强的，要知道地球表面磁场只有 0.3~0.8 高斯，也就是说，木星表面的磁场强度是地球的十倍以上。木星像地球一样是偶极，不过两者的偶极方向正好相反，即地球上的正磁极指的是北极，而在木星上指的则是南极。另外，木星磁层的范围要比地球大很多，磁气圈的分布范围超过地球磁气圈范围的百倍。不过，两者的相同之处也不少，如都有极光现象。

木星的射电波不像脉冲星那样稳定，经常会出现一些变化，如射电爆发，这时波长大约都要以米为单位，这种现象在太阳上也能够经常看到。不过至今科学家还没有弄清木星之所以会射电爆发的原因，有些科学家猜测可能是木星内部的磁场发生了变化；有的猜测可能是受卫星运动的影响；还有的认为是木星内部积累能量过多，因而转化为射电。当然，这还需要科学家进一步进行研究，才能找到射电爆发的原因之所在。

木星内部很热，接近核心的地方可高达 20000℃。众所周知，太阳的温度也是非常高的，然而太阳温度的来源是核燃料燃烧，而木星因为内部温度不足不能够引发核聚变，它的高温主要是由于冷却引起压力降低，从而导致木星收缩，而收缩的过程又会让木星核心被加热。这一点和土星、褐矮星相同。科学家猜测，木星向外辐射的能量比从太阳吸收的能量还要多。

很多行星都会向外发出红外线或者射电波，这没有什么奇怪的，但是木星却能发出一种太阳系中其他行星没有的 X 射线，这种射线的特点是波长很短，但是频率很高。X 射线在生活中应用很广，如医学成像诊断，但这种射线对人体是有伤害的。

我们都知道太阳能够发出电子，但让人意外的是木星也能够发出电子，而且发出的电子比太阳发出的要强很多，而太阳系中的其他行星则不能发出电子，这也是木星的“例外”之一。

木星的自转速度非常快，导致木星上的大气很不稳定，变化倏忽。通过天文望远镜可以观测到木星表面有许许多多不同的风暴，其中靠近赤道地区有个“大红斑”，大红斑可以说是科学家最为熟识的，这是一种逆时针方向旋转的风暴，存在时间最久，也最为显著。目前对于“大红斑”为什么是红色，是如何产生的，为何能够坚持这么久等问题，还没有明确的说法。通过宇宙飞船传回的照片来看，“大红斑”更像是一个巨大的旋涡，因此科学家推断：“大红斑”是盘旋在木星上空的强大旋风，或者是上升的气流。“大红斑”有3个地球大，外围的云系会围着大红斑转动，甚至会出现两个斑融合的情况。

当然，并不是所有的红斑都像大红斑那样能够长久存在，一般的红斑也就持续几个月或者几年时间，这些斑在北半球做顺时针方向旋转，在南半球做逆时针方向旋转。

木星和太阳系中的其他行星有许多不同之处，这让它成为太阳系中的一个例外，虽然目前对于木星上存在的很多现象科学家还找不出合理的解释，但是随着时代的发展和科技的进步，木星之谜早晚会被解开，到时人们就可以知道为什么木星这么特别了。

“大檐帽”土星

2014年5月中旬，天空中出现了“土星冲日”的景象，也就是说，土星刚好位于太阳的对面。从地球的角度来看，地球处于土星和太阳之间，三者在一条直线上，因此，太阳升起的时候土星刚刚落下，而太阳落下的时候土星就会升起来。如果夜晚人们仔细观察的话就会很容易看到，冲日前后，土星离地球最近，所以土星看起来比平时更加明亮、更加大。

虽然此时离地球很近，但实际上距离很远，即使是最近的时候离地球也有 13 亿千米，所以我们看到的土星不过是个乒乓球大小的星体。如果土星再靠近地球一点，会发生什么呢？如果像火星那样靠近地球，或者是让它从地球和月球之间穿梭而过，会发生什么情况呢？

土星是颗非常巨大的行星，有 9 个地球那般大，如果土星突然向地球奔来，它的引力和潮汐力会将地球扯碎。地球会碎成亿万吨的碎片，然后受到引力影响，这些碎片会随之抛向四面八方，而土星则会继续向前奔走，地球是不足以拦住它的脚步的。好在这只是一种假想，土星是不可能靠近地球这么近的。

太阳系的八大行星中，土星是非常独特的，因为土星带有明显的光环，从望远镜望去，土星就像是一顶草帽，周围有一圈很宽的“帽檐”，这就是土星光环，土星光环让土星成为太阳系中最美丽的行星，让人们不得不赞叹大自然的多姿多彩。

1973 年 4 月，“先驱者”11 号登上了漫长的宇宙旅程，并在 1979 年开始飞临土星，成为第一个接近土星的人造探测器，这次收获颇丰：发现土星上有极光现象，有两道新光环，还发现了其磁场范围比地球的磁场范围要大。

不久后，美国又向土星发射了“旅行者”1 号、“旅行者”2 号飞船，根据二者发回的照片，科学家发现了一个奇怪的现象：在土星的北极上空有个六角形的云团，这个云团以北极点为中心，然后旋转，这个云团是什么呢？科学家对这个现象很感兴趣，做了大量的研究。美国科学家戈弗雷认为六角云团是由快速运动的云团构成的，虽然处于运动状态，但是很稳定；同样是美国科学家的阿林森认为六角云团是罗斯贝波。也就是说，六角云团至少被一个椭圆形的涡旋所带动，但为什么是六角形，而不是五角形、四角形等，科学家至今还不能提供一个合理的解释。

但科学家对土星的探索并没有终止，不久后又发射了“卡西尼”号太空探测器，这艘探测器在费时6年多、飞过35亿千米后，在2004年7月1日顺利进入环绕土星转动的轨道，从此开始对土星长达4年的科学考察。此探测器不仅考察了土星周围的几颗卫星，还拍摄了土星的光环、磁层和粒子，并观测到土星的极光现象，传回了大量珍贵的照片。

经过多年探索，科学家对土星的印象逐渐清晰起来。土星是太阳系中第二大行星，绕太阳公转一周约29年。土星被一条美丽的光环围着，周围有数量众多的卫星，目前已知的有60多颗。土星虽然质量很大，但是密度非常小，如果把土星放在水中，它甚至会浮在水面上。土星光环的平面与土星轨道面不重合，所以从地球上看，能看到土星光环的面积是有变化的，它的亮度也是有变化的，当我们看到土星光环的面积比较大时，那么它会明显更亮一些。

地球上的极光现象是由于带电粒子沿着地球磁场进入大气层后形成的，土星上的极光现象是由“太阳风”形成的，即带电粒子与土星大气层的分子发生反应。通过传回的图像，科学家观测到土星两极发生的极光有所不同，北极光光线更明亮些，但是明亮部分的面积相比南极要小。

土星的卫星数量非常多，备受科学家重视的卫星是土卫六。土卫六是人们发现的第一颗土星卫星，一直被认为是太阳系卫星中体积最大的，被称为“卫星之王”，但不久后科学家发现有比土卫六更大的卫星，那就是木卫三，不过人们仍对土卫六有着浓厚兴趣。土卫六是唯一拥有大气的卫星，大气成分主要是氮，约占98%，甲烷约占1%，还有其他混合气体等。土卫六的温度很低，在-200℃左右，低温让氮气转化为了液态。科学家还在土卫六中发现了氢氯酸分子，对此有科学家说：“早期的地球上可能也曾发生过类似的过程。但在土卫六上发生的是生命前化学过程，因为那里的温度远低于水的冰点，大概是不会有生命的。”

自从发现土星以来，人们一直都在不断地探索，但关于土星的未解之谜却似乎越来越多，其实这并不奇怪，就像是学习一样，知识越渊博，越觉着自己知道得太少了。因此这恰恰表明，人们对于土星的了解更深了。用哥白尼的一句话来形容就是：“人的天职是勇于探索。”

颠倒的天王星

太阳系中的几颗行星，从古代时就为人所熟悉的是金星、木星、水星、火星、土星，天王星因为暗淡所以难以被发现，即使被发现后，因为其绕太阳转动很慢，因而被当作恒星。在天王星被当作行星之前，已经有不少人观测到它，如1690年约翰·佛兰斯蒂德至少观测到了6次，然而他在星表中将它列为金牛座34。

1781年3月13日，威廉·赫歇耳宣布他发现了天王星，这次发现引起了轰动，进一步扩充了太阳系的疆界，让人们的目光再次投向深邃的宇宙。

赫歇耳于1738年出生在一个名叫汉诺威的小镇，父亲在禁卫军军乐团服役，是一名乐师。受父亲影响，赫歇耳从小就很喜欢音乐，很快便显示出卓越的音乐才华，不久后，因为音乐，赫歇耳广为人知，知名度和地位都大幅提升。

除了对音乐很有兴趣外，赫歇耳还对宇宙感兴趣。1773年，赫歇耳读了科普作家詹姆斯·弗谷森的《对牛顿爵士的原理的天文学解释》，书中所描述的天体深深地吸引了赫歇耳。为了能够一睹这些天体，赫歇耳便用望远镜来观察天体，然而由于望远镜的技术落后，观测结果很不理想。为了能够有更好的观测结果，他开始学习组装望远镜。

1774年，赫歇耳成功安装了一架口径15厘米、焦距2.1米，能够放大40多倍的望远镜，通过这架望远镜，赫歇耳第一次看到了猎户座大星云。1781年3月13日，赫歇耳跟平常一样开始观察天体，当他观测到双子座时，发现了一个以往不曾见过的淡绿色的天体。

赫歇耳很吃惊，因为在星图上找不到这颗星。于是他开始用倍率更大的望远镜观测，发现这并不是一颗恒星。为了确认这个发现，赫歇耳连续几晚认真观测，后来他发现这个天体在慢慢地移动着。赫歇耳起初认为这是颗彗星，因为彗星在近日点时，彗尾会变得很长，而且边界很模糊，但这颗"彗星"却没有这样的特征，相反边界特别清晰，它的运行轨道看上去像是圆形，距离太阳比土星要远一倍。赫歇耳认为这不是颗彗星，而是颗行星。

天王星的发现轰动了世界，赫歇耳也因此一举成名，被英国皇家学会授予"柯普莱"勋章。

天王星有个很显著的特征，那就是它的运行姿态很特别，别的行星大都是侧着身子围绕太阳运转，会有一定的倾斜度，如地球的倾斜度为23.5°，火星的倾斜度是24°。行星的自转轴和公转平面都有着很大的交角，而天王星的倾斜度几乎达到了88°，与轨道面的倾角为97°，可以说天王星几乎是倒在轨道平面上，就像是躺着那样，于是有人称呼天王星为“一个颠倒的行星世界”。

倾斜度如此大，导致天王星的四季变化和昼夜交替都跟其他行星有所不同。天王星的公转周期为84年，在公转过程中，太阳会轮流照耀天王星的北极、赤道、南极，当太阳照耀北极时，天王星的北半球便处在夏季；当照耀南极时，天王星的南半球便处在夏季。天王星的夏季和地球上的不同，夏季时，在天王星上很难看到太阳会落下，因此处在夏季的半球没有夜，而天王星的另一半则处在无尽的黑暗、寒冷中，一直延续几十年。之所以会这样，是因为天王星几乎是“躺着的”，导致其受热不均。科学家推算，天王星上的每一昼、每一夜都要持续42年才能换一次。对地球来说，这是不可想象的。

从外表看起来，天王星就像个淡绿色的巨球，这是因为天王星的大气主要成分是氢、氦，以及大量的甲烷。甲烷吸收红光后，会变成淡绿色。天王星是有光环的，看起来窄小而黑暗，其组成部分是岩石块和小固体。目前已知天王星有11层光环，但是都非常暗淡，很难被发现。

由于天王星光线很弱，所以使用一般望远镜很难有好的观测结果。1986年，美国的“旅行者”2号探测器探访天王星时，发现了10颗新的卫星，而在这之前，人们只知道天王星有5颗卫星，这样一来，天王星的卫星就增加到了15颗。“旅行者”2号的“天王星之旅”收获很多，其中一项是对天王星卫星的密度进行了测定。结果显示，卫星的密度比天王星要稍微大一些，这个结果否定了科学家对天王星倾斜之谜的解释，即其倾斜度是由于天体和天王星碰撞而成的，其中的碎片就形成了卫星。按照这个说法，卫星的密度应该比现在的要大很多。

天王星上还隐藏着众多的秘密，等着我们去挖掘，相信总有一天，人类能够完全了解天王星，到时就能够进一步解开太阳系的奥秘了。

最远的海王星

1612 年 12 月，伽利略首次观测到并且描绘出了海王星，但是伽利略把海王星误认为是恒星，他在书中将海王星描绘成一个不起眼、黑暗的天体，从那以后，他多次观测海王星，记录下海王星相对于其他星体的运动轨迹。而海王星是不断运动的，结果有一天，当他用望远镜去观测海王星时，却发现找不到海王星的影子了，从此丢失了海王星这个目标。

海王星在 1864 年 9 月 23 日被发现，是唯一利用数学预测而非有计划的观测发现的行星。英国科学家亚当斯和法国科学家勒威耶利用天王星轨道的摄动推测出海王星的存在，但是两人虽然知道海王星可能存在的位置，但苦于没有相应的设备去观测。后来勒威耶说服了柏林天文学家伽勒去搜寻行星，并在 1846 年 9 月 23 日晚上发现了这颗蓝色的星球。海王星的位置与亚当斯预测的位置差 10° ，但与勒威耶预测的位置只差 1°。海王星的发现引起了轩然大波，尤其是英法两国为了谁发现海王星而争论不休，最后在舆论的压力下，只好宣布海王星是亚当斯和勒威耶共同发现的。

海王星发现之后，由于没有名字，国际上对于它的称呼很多，因而显得很乱，于是天文学家开始为海王星取名字。当时备选的名字有很多，亚当斯认为应该叫乔治，勒威耶认为应该叫海王星。最终，天文学家决定以“海王星”为名，海王星的英文名是 Neptune，即海神的意思，翻译成中文就是海王星。

虽然海王星在 1846 年就被发现了，但是直到 1989 年，人们才第一次看清了海王星。1989 年 8 月 25 日，美国“旅行者”2 号探测器从距离海王星 4800 千米的地方飞过，海王星的面貌由此揭开。“旅行者”2 号总共拍摄了 6000 多张海王星照片，从照片中，科学家首次发现其有 5 条光环，3 条较为幽暗、模糊，其余两条很明亮、清晰。科学家还发现了海王星的 6 颗新卫星，这样，海王星的卫星总数增加到 8 颗。目前已知海王星有 14 颗天然卫星。

科学家在海王星的南极地区发现了一个巨大的风暴区，直径约有 1.28 万千米，看起来有地球那般大，就像是在海王星上放了一块巨大的黑布，科学家称之为大黑斑。这种风暴究竟是怎样形成的，科学家并没有给出确切的答案，只是一种猜测。如有人认为是由太阳风引起的，也有人认为是由于海王星内部的高压和高温形成的。因为大黑斑的存在，海王星上有太阳系中最猛烈的风，时速高达 2000 千米。同时“旅行者”2 号还发现海王星是存在磁场的，并且有极光现象出现。

科学家还发现海王星的大气层很不稳定，有着大面积的气旋，大气主要成分是氢气，其次是氦气和甲烷。大气中有甲烷，所以海王星看起来呈现蓝色，但科学家认为这只是使海王星呈现蓝色的部分原因。因为天王星大气成分中甲烷的占有量和海王星相差无几，但是天王星并没有像海王星这样蓝，因此科学家认为海王星之所以这么蓝，应该还有别的原因。

在地球上观测海王星会发现它是有光环的，是一条相当模糊的圆弧。“旅行者”2号拍摄到了海王星的光环，光环有各种各样的结构，如螺旋状结构等，但是照片也只能显示光环的外部特征，人们仍然无法知道其内部结构。

海卫一是海王星最大的卫星，它有一个逆行的轨道。海卫一的温度为 -240℃左右，是目前已知太阳系中最冷的天体。海卫一的地形也很复杂，有火山、有坑洼地，有平原、有环形山等，其中有种“哈密瓜皮地形”最为奇特。这是由于地形看起来很像是哈密瓜的瓜皮，因而得名。这种地形目前只在海卫一上发现过，科学家猜测这种地形形成的原因可能是由于火山等掩盖造成的，有的猜测可能是由于撞击造成的。但是在“哈密瓜皮地形”中又发现了很多洼地，这些洼地的形状都非常规则，不可能是撞击造成的，很有可能是固氮升华后又凝固造成的。

海卫一上也有一层大气，主要成分是氮，其次是甲烷。另外，科学家还发现海卫一上有磁场，而其他卫星上都没有发现磁场的存在，基于以上种种现象，有科学家认为海卫一是行星，而不是卫星。但是这样一来，就得找出相应的理由去解释，但科学家还没有找出这样的理由。因此，海卫一究竟是行星还是卫星，仍然要等着将来才能证明。

海王星是远日行星之一，是太阳系八大行星中离太阳最远的，因而海王星的亮度很低，只有通过望远镜才能看到。海王星的赤道半径约为24750千米，是地球赤道半径的4倍，质量和体积都远远大于地球。

海王星上还存在着许多奥秘无法解开，要是人类能够近距离地观察甚至登上海王星，那么这些奥秘也许就能解开，如今只能寄希望于科技快速发展了。

惨遭降级的冥王星

冥王星的发现纯属巧合，一个后来被发现错误计算的“断言”：基于天王星和海王星的运行研究，在海王星后面还会有一颗行星。1930年，美国亚利桑那州洛威尔天文台的天文学家克莱德·威尔·汤博，因不知道这个计算是错误的，他根据这个计算对太阳系进行了一次仔细的观察，于1930年2月18日发现了冥王星。

冥王星的发现吸引了人们的注意，很快它就被当作太阳系的第九大行星。因为这些年来，人们一直在不断地寻找太阳系里的其他大行星，所以冥王星的出现满足了人们的幻想，所以在教科书中人们把冥王星视为第九大行星，然而人们很快便发现了冥王星与其他大行星的差异之处。

其实，当初之所以把冥王星列为大行星，是因为错估了冥王星的质量，当时以为它比地球质量还大，但是经过多年的观测，人们发现冥王星的直径只有2300千米，比月球直径还要小，质量只有月球的1/3。其实，自从发现冥王星以来，人们对它的质疑就没有中断过。

1999年，国际天文学联合大会召开，对冥王星是否属于行星进行投票，这次投票差点使“冥王星”失去了行星的“宝座”。当时之所以会有这样的结果，是因为冥王星和其他行星差异太大：首先，冥王星的体积很小，质量很小；其次，其运行轨道过于椭圆；最后，冥王星的轨道倾角很大，达到了17°，而其他行星一般也就在1°~2°，即使轨道倾角最大的水星也不过是7°。因此，很多天文学家觉得不能把冥王星称作行星。

2006年8月24日，国际天文学联合大会召开，这次大会有个主要任务就是通过行星的新定义。大会上的争论非常热闹，提案也是几易其稿，最终通过了行星的新定义。按照这个定义，要满足三个条件才能被称作行星：首先是必须围绕着恒星做运动；其次是质量要大，自身的吸引力要和自转速度平衡，本身近乎球状；最后，其运行时不受轨道外围的物体影响。一般来说，行星的质量必须在50亿亿吨以上。按照这样的划分标准，太阳系中的行星就只有金星、木星、水星、火星、土星、天王星、海王星，以及我们所处的地球，总共八颗，而冥王星由于质量不足，被开除出行星，划入了“矮行星”。与冥王星一样被开除的行星还有谷神星和齐娜，冥王星、谷神星和齐娜之类的星体，天文学家称为“矮行星”。

要成为一颗矮行星，需满足五个条件：第一，要是个天体；第二，要围绕着太阳运转；第三，本身要接近于球状；第四，不能够像行星那样清除轨道周围的物质；第五，不是卫星。按照这五个条件，目前太阳系中符合的只有谷神星、齐娜和冥王星。

在太阳系中围绕太阳运转，但是不符合行星和矮行星条件的天体，被称作太阳系小天体，其中包括星云、彗星和其他小天体。

到目前为止，还没有探测器探访过冥王星，因为冥王星离地球太远，甚至使用哈勃望远镜也只能看到冥王星的大致容貌。通过哈勃望远镜观测，人们可以看到冥王星的两极也有冰冠，这里有 12 个黑白反差很大的区域，按照科学家的推断，其中白的部分是甲烷形成的冰区，暗的地方则是氮气形成的冰区。同时还观测到海王星也有大气层，不过很薄，其成分主要是甲烷、氮。天文学家还根据冥王星的表面现状推算其温度是非常低的，达到 –200℃。在 –40℃的地方，呵出的气体很快就会凝结成霜，在 –200℃的地方，恐怕真的会出现“泼水成冰”的现象。由此可知，冥王星是个严寒彻骨的星体。

冥王星目前已知有 5 颗卫星，冥卫一是在 1978 年偶然被发现的，当时它在向着太阳系内运行时，在轨道的边缘被发现。冥卫一和冥王星的关系很特别，之所以说特别，是因为它们的自转是同步的，保持着同一面相对。对于冥卫一的起源，有人认为是像月球那样由撞击形成的。冥卫一出现以后，其他卫星也相继被发现，最晚被发现的是冥卫五，这颗卫星是在 2012 年被发现的，在 2013 年的国际天文学联合大会上被命名为冥河。

由于冥王星质量小、位置远，所以虽然被发现了很多年，但人们对它的了解仍然是有限的。20 世纪七八十年代，人们掀起了前所未有的探测热潮，当时冥王星还被认为是行星，但是没有探测器去探访过冥王星，而其他八大行星都被星际探测器探测过，因而可以说冥王星是秘密最多的“行星”。

当然，天文学家并不会因为冥王星位置远就不去探测，事实上，美国在2005年已经发射了“新地平线”号探测器，并于2015年7月14日飞掠冥王星，带回了清晰的冥王星照片。相信随着技术的不断发展，神秘冥王星的更多秘密将会被逐一揭开。

[相依为命的地与月]

地球内部的秘密

古代人认为地球的内部是十八层地狱和阴曹地府，当然，这种说法是非常不科学的，但从中也透露出人们是很想了解地球内部的秘密的。那么地球内部究竟有什么秘密呢？

有些科学家相信，在地球内部存在着一个与地球人生活相隔绝的地下城镇，这个城镇中生活着许多外星人，这些外星人长相很吓人，但不可否认的是，他们比人类更加高级。这些外星人在人类尚未出现在地球上时便在地球内部定居了，他们有着先进的机器，能够在地球内部自由穿梭。他们的城镇与地球表面上的城镇一样多，不同的是那里的城镇建设得更豪华、更壮观，到处可以见到各种飞行器。这个说法是由美国科学家理查德·沙弗提出来的。后来有科学家进一步指出，这些外星人也许是居住在第四度空间，当地球磁场发生变化时，空间之门便可能打开。

报纸上曾经登出过这样一则新闻：1963年，两名美国煤矿工人在挖煤时，突然发现了一条通往地下的隧道，两人很好奇，于是沿着隧道一直走。隧道的尽头是一扇大理石门，推开门之后，是一道大理石楼梯，然而两人因为害怕，所以不敢继续走下去。英国也发生了类似的事情，煤矿工人在挖隧道时，突然从底下传来动静，工人们发现了一个通向地下井的楼梯，越往楼梯走，声音越响，工人们很害怕，于是逃离了隧道，等他们再次回来时，通往地下井的楼梯却消失了。

这样的故事有很多，虽描绘得有声有色，但可信度不是很高。著名科幻作家凡尔纳在他的小说《地心游记》中，讲述了一个教授和他的侄儿进入地球内部的所见所闻。当然，这个故事是虚构的。要想了解地球内部的秘密，最好的办法还是到地球内部去看一看，但这种想法是不现实的，因为目前人类的技术大概只能间接接触到地下 15 千米，而地球的半径是 6 378 千米，这就像是橘子的外层皮对于橘子一样，无法深入其中。所以，时至今日，人们还无法知道地球内部的真实情况，但是地球是不断地活动的，人们可以通过火山运动或者地震来了解地球的内部情况。

火山爆发是地壳运动的一种表现形式，是地球内部热能向外喷发的途径之一，在爆发的过程中，岩浆等喷出物会在短时间内通过火山口向外喷出，等火山爆发结束、岩浆冷却之后，人们便可以研究岩浆的成分、组成、构造等，这样能够帮助人们了解地球内部的秘密。不过岩浆也不过是来自几十千米或者几百千米的地球内部，所以要了解地球更深处的秘密要靠地震。

地震是由于地壳快速释放能量产生的，不论是天然的地震还是人为的地震都会产生地震波。之所以出现地震，是因为板块与板块之间相互挤压碰撞而造成了动荡。据说，地球上每年要发生几百万次地震，平均下来每天要发生上万次。当然，其中大多数地震是人们感受不到的，真正能造成危害的地震次数很少。地震发生时会产生地震波，地震波可以在地球内部进行传播，地震波传播的速度与地震波通过地区的物质性质有关。如通过固态物质时，传播速度就会减慢。

物质在地球内部并不是杂乱无章的，而是分成一个个层次，这些层次也被称作地球内部圈层。科学家把地球内部分为地壳、地幔、地核。当然，这些层次只是科学家根据地震波以及温度进行猜测的，虽然没有真正见识过，但这种说法还是相当可靠的。

地球表面的温度大概都是靠太阳来提供的，如果没有太阳，地球恐怕会陷入黑暗和寒冷中，不过这只是指地球表面的温度变化，地球内部的温度好像与太阳没有太大关系。地球内部的温度很高，而且越往深处，温度越高，通过观测，深度每往下增加 100 米，地温就会增加 3℃。到了 6378 千米的核心地区，温度要达到几千摄氏度。而地壳虽然平均厚度有 35 千米，但是其温度并不是很高，相反，地壳就像是热绝缘体，隔断了地球内部的高温，所以地球表面的温度才不会很高。地壳中含有的氧和硅比较多，氧大约占整个地壳质量的一半，硅大约占了 1/4。

一般认为，地核部分的上半部分是液态的，而下半部分是固态的，这是因为下半部分处于核心部位，所承受的压力达 300 万个大气压以上，在这么高的气压压迫下，下半部分只能是固态的。地核部分的主要成分是铁、镍，所以也有人把地核称为“铁镍核心”。地幔部分是地球内部的主要组成部分，这个区域内含有的铁和镁比较多。

地球内部究竟是怎样的，里面有没有外星人，对此目前谁也无法知道，因为人们还没有能力去地球内部看一看，但科学家提出的这些假说都是有一定依据的，可信度还是非常高的。也许有一天，人们能够制造出可在地球内部穿梭的机器，到时人们就可以去地球内部旅行了，看看地球内部是不是像凡尔纳在小说中写的那样。

地球是怎样形成的

地球上有各种奇花异草、珍禽猛兽、名山大川，环境适宜，对于人类来说，这是目前已知的唯一适合人类生存的地方。然而地球已经是一个46亿岁的“老寿星”了，从人类出现在地球上开始，就不断地有人询问，我们脚下的这颗星体球是怎样形成的?

关于地球的形成，人们起初以为是由“神”创造的，但这种说法很快遭到了质疑。于是不久后，有科学家认为，地球是彗星碰撞而形成的。按照大爆炸理论，大爆炸后会有许多物质不断旋转，因为受到引力的作用而相互碰撞，起初的地球就是这样混沌的物质，然后经过上亿年的演化，初步具备了地球的形态。

18世纪，德国科学家康德通过观测和推断，提出了地球是由星云组成的，即“星云假说”。在没有太阳系之前，到处都是由气体组成的星云，由于温度过高和引力作用，一些星云逐渐碰撞，融为一体。大概在46亿年前，温度逐渐降低，气体随之收缩，然后星云就开始运转起来，根据牛顿的重力学理论，气体围绕着中心周转，星云就会逐渐变成圆盘状。在不断收缩的过程中，由于周围物质的离心力大于中心的吸引力，这时，周围物质就不会再向中心处收缩，反而会脱离，形成一个独立的天体。就这样，天体一个个地出现，而原先的中心不断收缩，形成了太阳，而脱离太阳的天体中就有一颗是地球。

地球刚形成时并不稳定，火山、地震等频发，逐渐形成了高山、深谷、悬崖、丘陵等地形，地球的面貌初步形成。而火山爆发、地震等地壳运动释放出了大量的二氧化碳、水蒸气等，气体上升后在地球外部形成大气层，水蒸气在大气层遭遇冷气流后就会形成降雨，落在地球上，便形成了原始的海洋。而水是生命之源，会产生有机物，地球就这样成为一个适合人类居住的家园。

还有一种说法是“银河系大爆炸说”。按照科学家的推算，大约在66亿年前，银河系曾经发生过一次大爆炸，爆炸分离出来的物质在宇宙中到处飘荡，然后经过漫长的时间，这些物质逐渐冷却、凝固、聚合。科学家还推算出在50亿年前，一团庞大的气体与星云按逆时针方向旋转、收缩——这也是太阳系的初步形态——在旋转的过程中，质量较轻的物质就会被甩出去，就像我们使用洗衣机脱水时，当洗衣机运转起来后，衣服上的水就会飞出去，而重的物质就会留下来，形成各种天体，而地球就是其中的一个。

关于地球的形成，还有很多种说法，如认为太阳系中本来有两颗恒星，只是一颗恒星后来不知怎的演变为各个行星，其中就包括地球；但其中最让人信服的仍是“星云假说”。但是“星云假说”也存在很多难以解释的地方，如卫星逆行现象。

原始地球形成后，形成地球的物质都带有很高的运动能量，而根据能量守恒定律可知，运动能量会转变为热能，热能让地球的温度空前升高，当时地球大部分地区的温度都超过了铁的熔点，高温使得地球中的各种金属熔化，因为密度比较大，所以向地球的中心部位流动，形成了地核。同时由于各物质的熔点不同、密度不同，出现了分层，即中心部位是地核，外面是由较轻的物质组成的陆核，陆核不断增生，就成了地壳。连接地核和地壳的是地幔。这样一来，地球内部构造就算形成了，即地核、地幔、地壳。而由于地球内部处于热学和力学的不平衡状态，导致地球上不断产生火山爆发等现象，然后海洋和大气圈也形成了。

有科学家认为地球起初并不是现在这样，很有可能是连在一起的，因为地壳运动，便分为几块，然后漂移形成现在的样子。如美洲、非洲和格陵兰岛原是连在一起的，大约在 2 亿年前开始分裂，向外扩张、漂移，在板块大地构造学说中，这种过程叫作“离散”；印度板块是在 0.6 亿年前左右才漂移到欧亚板块的，这种过程叫作“汇聚”。正是由于板块运动才形成了如今的地球。

另外，不少科学家发现了宇宙中有不少星体互相碰撞的现象，如 1887 年，有颗彗星在靠近近日点时，由于受太阳引力的影响，彗头被太阳所吞噬。也就是说，地球是由“彗星碰撞”形成的说法极有可能是正确的。当然，其他各种说法也有一定的可能性。

如今，对于地球是如何形成的仍然没有明确的结论，但是随着科技的发展，我们对宇宙、对地球的认识正在逐渐加深。今后我们可能还会提出关于地球形成的新的说法，但不管这条探索之路是多么漫长，总有一天，科学家会揭开这个谜底的。

地球生命的起源

相传，盘古开天辟地后，地球上虽然有高山河流、花草树木，却没有人类，女娲见到后，便用黄土捏泥人，泥人一落到地上，便活了，开口叫女娲“妈妈”，女娲很高兴。不久后，觉得只有一个人太寂寞了，于是便继续捏造泥人，但是长时间地捏泥人很累，女娲便用藤蔓蘸泥水，扬手一挥，泥点落地后就变成了一个个的人。女娲将泥人分为男人和女人，让他们自己去创造后代。这就是女娲造人的故事。古人认为地球上之所以存在人类，是因为神创造的。这是地球生命起源的第一种说法。

神创世纪的说法在古代流传过一段时间，但是我们知道这种说法是不正确的，这只是一种神话传说，并没有真凭实据，何况据科学家考察，人类的原始祖先是森林古猿。

第二种说法是宇生学说。该学说有两个要点，第一是认为地球上的生物可能来自星外天体，如火星等；第二是星外天体有形成新生命的可能。但直到今天，科学家并没有在其他天体上发现有生命存在，虽然有些线索能够证明有些天体上曾经存在生命，但是都没有得到确认。并且这个说法会引起新的疑问，即“宇宙中的生命是如何形成的”，而这种说法是无法解释这个问题的。

第三种说法是热泉生态系统说。20 世纪 70 年代末，有科学家在考察中发现了几处深海热泉，热泉中生活着许多生物。如今，这样的热泉科学家已发现了数十个。科学家之所以猜测生命起源于热泉生态系统，是因为如今所发现的一些古老细菌大都生活在与热泉类似的环境中，即高温、缺氧、偏酸的环境中。另外，科学家在热泉周围发现了一些硫化物，这和原始地球的环境很相似，所以有科学家认为热泉生态系统可能是孕育生命的理想场所。

第四种说法是自然发生说。即认为生命是自然发生的，是可以从非生物的环境中发生出来的，如腐草化萤。为了证明这种说法，有人进行了一系列实验，如往罐子里放一些食物，置于阴暗处，不久后打开罐子一看，竟然有蚂蚁出现了。

但在 19 世纪，法国微生物学家巴斯德做了一项“肉汤实验”，将肉汤放在烧瓶中加热，然后将其冷却，如果烧瓶口打开，那么肉汤中很快就会有微生物出现，但是，如果一开始就封闭烧瓶口，肉汤中就没有微生物出现。这个实验表明，微生物是来自空气，而不是自然发生的，这就否定了“自然发生”的理论。

第五种说法是化学进化论学说。原始地球刚形成时，大气中并没有氧气，而是充满着像 H_2、CH_4 之类的还原性大气，另外有科学家推测，能在地球大气层中产生作用的能源主要有紫外线、宇宙射线以及雷电等，而紫外线和宇宙射线的可做有机合成的能源很少，倒是雷电每年都会发生很多次。基于以上考虑，美国科学家米勒在实验中模拟了原始地球还原性大气，然后制造雷电，看看能否合成有机物。

首先，米勒将烧瓶中的空气抽出，往里加入了 CH_4、NH_3 和 H_2 等还原性大气；然后往烧瓶中注入了约 500 毫升的水，代表着原始海洋；最后给烧瓶加热，使水蒸气和还原性大气在管中循环，同时通过两个电极放电产生火花，模拟原始天空中的闪电。经过一周的实验，米勒在检查实验结果时发现，这里面还有很多不同的有机化合物，如氨基酸、氰氢酸。这个实验表明，在原始地球的环境中生命是可以出现的。

氨基酸、氰氢酸等有机物出现后，经过长期积累，在一定的条件下就会转化为原始的蛋白质分子和核酸分子。科学家将蛋白质、核酸等放在合适的溶液中，它们就会自动浓缩聚集为球状小滴，这种小滴被称为团聚体。科学家认为团聚体是可以表现出一些生命现象的，如分解、生长。另外，还有科学家提出微球体和脂球体等说法。

但是科学家也对米勒的实验提出了质疑：首先，米勒实验中的闪电是连续的，但是原始地球不一定能够提供这个条件；其次，目前已经证明氨基酸是可以在宇宙中存在的，有科学家认为氨基酸是由于彗星等撞击地球时带来的。

目前关于生命起源的说法中，化学进化论学说最令人信服，是为科学家普遍接受的生命起源假说，但这个说法也并不是完美无缺的，仍存在很多疑团，所以，关于生命起源究竟是不是像化学进化论说的那样，还有待进一步考察。

人类的祖先

1831 年，一位年轻的学者跟随海军“贝格尔”号战舰进行环球航行。这位学者在战舰航行的过程中，每到一地，都要去考察一下当地的环境、动植物等，并把它们记录下来。等到五年后回国，这位学者对其资料进行总结，并且进行了大量的试验，总结出物种的形成是自然选择的结果。也就是说，能够适应自然环境的，就生存了下来；而不能适应自然环境的，就被淘汰了——物竞天择，适者生存。这是学者提出进化生物学理论的基础，在他所著的《物种起源》中指出了人类起源于古猿。

这个说法在当时引起了激烈争论，学者也因此而广为人知，这位学者的名字叫达尔文。经过激烈的争论后，人类起源于古猿的说法也逐渐被人们所接受。后来，生物学家通过对古化石的研究验证了达尔文的说法，他们认为人类是由古猿在漫长的岁月中一步步演化过来的，根据研究，人们推测地球生物的进化模式是无脊椎动物—脊椎动物—哺乳动物—灵长类动物—猿猴类动物—人类。后来马克思进一步补充说明，在古猿演化为人类的过程中，劳动的作用是非常大的。现在地球上的猿猴类动物仍然不少，它们之所以没能进化成人，就是因为缺少劳动。

现在普遍认为，人类是由古猿中的一支演化过来的，从古猿进化成人要经过四个阶段：

第一是猿人阶段。此阶段大概处于原始石器时代，猿人会制作一些简单的石器，平时靠打猎为生。如我国发现的北京猿人、元谋人都是在这个时期出现的。猿人由于长时间的劳动，已经开始摆脱猿类的一些特征，而出现了人的特征。随着劳作，猿人制作的石器越来越丰富。当猿人明白火的作用，知道如何使用火、保存火时，就可以说猿人进化成人了。

第二是早期智人阶段。这个时候的人被称作古人，大约生活在 5 万年至 20 万年前。古人已经懂得简单地思考，懂得如何生火，懂得制作各种石器，懂得开始穿衣。

第三个阶段开始于 5 万年前，这时候的人类和现代人已基本上没有什么区别了，懂得进行绘画、雕刻，进行简单的装饰。

第四个阶段就是成为现代人，并且还会一直进化下去。

为了寻找人类的起源，科学家、古生物学家、哲学家等都做出了大量贡献，找到了大量资料，完善了进化体系，使得生物进化论成为当今世界最主流的思想之一。但是也有一些科学家怀疑达尔文的进化论，认为其仍然解决不了一些难题，如人类的智力问题、种族问题。所以说，进化论从提出以来就一直处于争论中。按照进化论的观点，所有的生物都是经过自然选择、进化而来的，但是最初的生命又是如何开始的呢？后来人们又找到很多证据来反对进化论，如基因、化石、自然环境等。

既然达尔文的理论存在这么多的漏洞，那么人类的起源究竟是什么呢？以下是几种不同的人类起源学说。

海洋生物说：有些生物学家在考察海洋生物时发现，其特征与人类有些相似，因而提出人类起源于海洋生物的说法。

“大四季”理论：我们知道，地球是围绕太阳旋转的，而且会出现四季变化，于是有科学家想到，如果太阳系围绕银河系旋转，也会出现四季变化，即大四季。人类在大四季的影响下，会根据四季的变化而改变生存方式。按照这个理论，在夏季雨水多的时候，人类为了能够适应这种环境变化，就会由陆生动物转化为水生动物；等夏季过去后，则由水生动物转化为陆生动物。

外星人说：很久很久以前，有一群外星人在探索宇宙奥秘时来到了地球上，有些外星人喜欢地球的环境，于是便留了下来，而更多的外星人则离开地球继续探索宇宙。留下来的外星人就成了人类的祖先。

这三种假说都存在不同的漏洞，相比起来，还是达尔文的进化论更容易让人信服，这也是为什么这些年来人们一直把达尔文的进化论视为主流思想的原因。但从上面的假说中我们可以看出，人类起源可以分为两类：一类是人类是由地球上的生物演化而来的，一类是人类是由地球之外的生物演化而来的。但从目前来看，人类起源于地球更加让人信服。

地球上的水资源

很多人喜欢大海的波涛汹涌、浩瀚无垠，站在大海前，总会产生一种渺小感。地球面积的70%左右是被水覆盖着的，因而有人说我们的地球应该称为“水球”才更加贴切。据悉，全世界海洋总水量有13亿立方米，所以有人感慨那么多的水究竟是从哪里来的呢？

一开始，人们认为地球上的水是地球形成初期就存在的，由于太阳的照射，每年都会有不少水被蒸发掉，然后通过降雨又落下来，形成一个循环，这就是大气说。若是这样的话，地球上的水就不会有干涸的那天。那么，地球形成初期为什么会有这么多的水呢？

地球刚从原始星云演化而来时，并没有大气和海洋，是一个非常混沌而且没有生命的天体，地球上早期的水以结构水、结晶水等形式存在于地球内部。后来由于地壳运动频繁，如火山、地震等，地幔里的岩浆上涌喷出，同时喷出的还有二氧化碳、水蒸气等，这些气体上升到空中，水蒸气遇冷形成云层，开始降雨，雨水顺着地势流到低洼地区，形成了最初的河流。这些河流因为地势而不断地往低处流，汇聚到一起，就成了原始海洋。这就是岩浆说。这些因为火山爆发、地震等才出现的水被人们称为初生水。

然而在后来的调查中，科学家发现这些所谓的初生水并不是由于火山爆发而带来的，实际上，火山爆发所带来的是刚刚渗入地下的水，也就是地表的水，这些水并不是初生水。有科学家认为虽然火山爆发带来的水大都是地表的水，但其中也会有少量的初生水。

由于太阳的照射，地球表面的水会向太空中流失，这是因为在紫外线的作用下，水会被分解成氢原子和氧原子，当到达高空时，氢原子的运动速度就会越来越快，直到在太空中被蒸发掉。据科学家计算，蒸发掉的水和落在地球上的水大致是相等的，然而科学家在调查中发现，在近万年来，海平面上升了近百米，也就是说地球表面的水增加了不少。

过去，人们一直认为水来自地球内部或者太空，从太空来的水，一般有两个途径，一是陨石撞击地球时带来的，二是来自太阳质子形成的水分子。目前在太阳系中只有地球存在液态水，其他天体上可能有液态水，但是并未得到证实，因此陨石撞击地球之前就有可能携带着大量的冰封水。质子是带电的粒子，高能质子一开始受太阳磁场的引导，但是随着其不断运动，就会进入地球磁场，当地球磁场强度超过太阳的磁场强度时，质子就会进入地球的大气层，因为发生某种作用，质子就会形成一些水分子。

2007 年，美国科学家又提出了一个新的说法，即地球上的水主要来自彗星，尤其是由冰组成的彗星。地球表面水量不断增加，很有可能就是这些彗星撞击地球后给地球带来了丰富的水资源。科学家曾经发现一颗名叫利内亚尔的冰块彗星，其含水量非常丰富，大约有 33 亿公斤，相当于地球上一个大湖泊的含水量，但是利内亚尔彗星并没有落在地球上，而是被蒸发掉了。科学家认为，可能会有不少像利内亚尔那样的彗星不断地落在地球上，在与地球撞击时，受到破坏的只是大气层的上层，释放出来的有机分子却没有遭到损害。

有科学家从人造卫星发回的照片中发现地球图像上有一些小黑斑，这些小黑斑是会移动的，而且存在的时间很短，据估测其面积近 2000 平方千米。这些小黑斑就是由于彗星进入地球大气层后，受到摩擦而产生大量的热能，然后化成的水蒸气。科学家推算过，一颗平均直径为 10 米左右的冰状彗星，大约能够释放 100 吨的水。科学家认为每天都有相当数量的彗星落在地球上，而这也成了补充地球水源的重要途径之一。

但是“彗星”说遭到了很多人的反对，他们认为，地球上的水要想持续增加，就需要大量的彗星，虽然太阳系内的彗星数量非常多，但是能进入地球大气层给地球带来水的恐怕不多，何况地球已经出现了几十亿年，那得需要多么庞大数量的彗星啊。另外，科学家发现大多数彗星上的水和地球上的水并不是一样的，很不匹配，但是来自其他行星的陨石上的水却和地球上的水很匹配。

由上可见，对于地球上水源的来源主要有三种说法，即大气说、岩浆说和彗星说，这三种说法虽然都有一定的科学依据，但也存在不少漏洞。相信随着人们对宇宙的不断了解，这些谜底早晚会被揭开。

历史上的五大毁灭性灾难

地球是人类的家园，但是地球的脾气并不是很好，科学家经过研究后发现，地球至少经历过 5 次毁灭性灾难，这些灾难导致地球上的生物遭到毁灭性的打击，但每次灾难过后都会赢得重生的机遇。这样看起来，地球似乎隔段时间就会发生一次毁灭性灾难。

第一次毁灭性的灾难发生在 4.4 亿年前，即奥陶纪末期。这个时期，地球上的海生无脊椎动物达到了繁盛时期，但火山运动和地壳运动频繁发生，还发生了大规模的大陆冰盖和冰海沉积，这进一步导致了灾难的发生。这次灾难导致地球上约 85%的物种灭绝。科学家通过化石等证据推断，这次灾难的产生是气候变冷造成的，大量的冰川让地球的温度快速下降，海水被冻成冰，破坏了原先的生态环境，生物链也被破坏了，沿海生物圈更是遭到了致命性的打击，很多物种因此而灭绝。

第二次灾难发生在约3.6亿年前的泥盆纪后期。泥盆纪时代是古生代的第四纪，这个时期陆地面积在不断地扩大，陆生植物和鱼形动物得到了很大的发展，而且两栖动物开始出现。然而，由于太平洋突然喷出大量的火山灰，同时还有大量的二氧化碳从中逃逸出来，导致气温升高，海平面下降，海洋生物遭到重创。

如果真有时空隧道，我们就可以到二叠纪末期的地球去看一看，那里的场景一定会让你非常吃惊，你会发现在周围几十千米内，你是唯一存活的生物。这是地球上第三次毁灭性的灾难，而且是迄今发现的最为严重的灾难。这次灾难发生在2.5亿年前，导致超过70%的陆生物种和超过90%的海洋物种消失，海洋中的无脊椎动物更是遭到了惨重的打击，数量很多的三叶虫也在这次灾难中灭绝。地球的生态系统几乎遭到了彻底的破坏，那么，当时到底发生了什么事情，为什么会产生如此可怕的灾难呢?

科学家认为是由于海平面下降和大陆漂移造成的，大陆漂移导致海岸线急速萎缩，大陆架随之也缩小，再加上海平面下降，很多生物失去了生存的空间，而地壳运动释放出的大量二氧化碳也是对陆生动物非常不利的。这次灾难是地球从古生代转向中生代的转折点。

距今约1.95亿年前的三叠纪末期，发生了地球上第四次毁灭性的灾难，大约有75%的物种在这次灾难中惨遭灭绝，其中海洋生物的损失更为严重，除鱼龙外，所有的海生爬行动物全部灭绝，贝壳等无脊椎动物也损失惨重。很多恐龙也灭绝了，但是有些恐龙却幸运地生存了下来。这次灾难发生的根源目前还不清楚，据科学家推算，可能是盘古大陆分裂导致了频繁的火山爆发；还有人认为是地球遭受了彗星、陨星等撞击而导致的。另外，科学家发现那个时期出现了大面积缺氧的海水，缺氧导致了大量海洋生物的灭绝。虽然说法很多，但还没有一个确切的答案，事实上，这次灾难发生的时间都未必准确。不过这次灾难事件为恐龙的发展提供了机遇，因为从那以后，恐龙就成了地球上的霸主。

第五次毁灭性的灾难发生在距今约 7000 万年前的白垩纪末期。白垩纪时期是我们比较熟悉的一个时期，不仅是因为这个时期时间近，还因为这时生存着大量的恐龙，人类对于恐龙是非常好奇的。白垩纪时期的陆栖动物中，哺乳类动物还是比较少的，陆上的霸主仍是恐龙，而且恐龙的种类更加多样化：有能够飞翔的翼龙类，如披羽蛇翼龙；有大型肉食性恐龙，如食肉牛龙、暴龙；有植食性鸭嘴龙类恐龙，如赖氏龙；有地甲龙类恐龙，如戟龙等。在电影《侏罗纪公园》中我们可以看到很多恐龙的身影。然而在这次灾难中，在地球雄踞 14 000 万年之久的恐龙全被“终结”了。所以，这场灾难很有名气。

这场灾难的产生除了可能是火山爆发导致的外，还很有可能是由于陨星撞击地球，破坏地球生态平衡系统造成的。撞击使大量的气体和灰尘进入地球大气层中，遮挡了阳光，因而地球上的温度开始下降；没有阳光照耀，地球上的植物就不能进行光合作用，因而会大片大片地死亡；海洋中的藻类也是如此，植物一般处在生物链的底端，当底端被破坏后，会有大量的动物找不到食物，因而被饿死。这次灾难后，鸟类、哺乳类动物及腹足类动物等赢得了前所未有的发展机遇。

既然地球上曾经发生过那么多次毁灭性的灾难，恐怕还会继续发生，那么到时会发生什么样的灾难呢？人类该如何应对呢？有人认为下一次的灾难很有可能是冰川时代的到来，到时冰川从地球表面滚过，会掩盖一切。当然，这只是猜测，目前人们要做的不是杞人忧天，而是要发展科技，只有足够强大的科技才能帮助人类渡过下一次灾难。

月球的背面

月出皎兮，佼人僚兮。舒窈纠兮，劳心悄兮。月光皎洁，夜空下的世界就像是蒙了薄纱般的迷人。自古以来，月亮就被认定是爱情的象征，多少情侣曾经在月下许下了美丽的誓言……

在神话传说中，嫦娥偷吃了丈夫后羿从西王母那儿得到的仙药，成了神仙，飞到月亮上，在广寒宫居住，月宫中还住着一个只会砍树的吴刚和一只可爱的小兔子。虽然成了神仙，但琼楼玉宇，高处不胜寒，嫦娥因为思念丈夫常常泪流满面。

自古以来，人们就对月球充满着无限向往，然而“阿波罗”号登月之后，人们才知道月球并没有想象中的那么美，相反，其表面不过是块不毛之地。在地球引力的作用下，月球的自转和公转周期是一样的，也就是说从地球上望去，人们始终只能看到月球的半个球面。月球的另一半球面始终背对着地球，由于背对着，所以使用高倍率的望远镜也看不到。月球的背面到底有什么，是什么样的呢？

背面和暗面是两个截然不同的概念，月球的暗面是指太阳在某个时间段照耀不到的月球的部位。也就是说，当满月的时候，月球暗面和月球背面是一致的，但是一般说的月球暗面通常就是指月球背面。

有人说，月球背面也肯定是像正面那样，有着数量很多的环形山；有人说，月亮的背面可能会有水和空气，甚至可能有“月球人”；也有人猜测，月球背面的重力要大一些，也许是一片汪洋。关于月球背面的各种假说很多，但是由于谁也没有见过月球的背面，所以谁也无法肯定这些假说正确与否。

虽说人们只能看到月球的一半，但是由于天平动，人们可以看到的月球面积达 59%。也就是说，经过天平动人们能够看到月球背面的一部分。人们发现月球背面有个“东方海”，这是一个盆地。虽然看到的背面很少，但毕竟离人们了解月球背面更近了一步。

1959 年，苏联发射了“月球”3 号太空船，“月球”3 号到达月球背面的时候，正好是“新月”时期，月球背面因为太阳的照耀而十分明亮，“月球”3 号拍摄了许多不同比例的背面图。这是人类第一次拍摄了多张关于月球背面的照片，通过这些照片，人们了解到了背面究竟是什么样的。

月球背面和正面是一样的，崎岖不平，环形山很多，也有海，但是很小。由于环形山数量很多，因而命名成了难题，后来有人提出用做出卓越贡献的科学家的名字来命名，于是月球便有了以我国张衡、祖冲之、郭守敬等人的名字命名的环形山。

1965 年 7 月，苏联太空船“探测器”3 号传送来许多张清晰的月球背面照片，通过这些照片，人们发现月球表面有着长达数百千米的陨石坑。1966 年，从美国“月球太空船”2 号传回的照片中，人们发现了很多圆丘。2010 年 12 月，美国发射的月球勘测轨道器传回了一些非常清晰的月球远侧照片，从照片中，人们可以看到月球背面有大量的陨坑，相对较少的月海。

月球背面有很多让人难以理解的地方，如有些照片显示月球上的环形山有明显的人工改造过的痕迹，戈克莱纽环形山就是其中一例。在其内部，有一个直角，整修痕迹很明显；还发现了一些类似于金字塔的建筑物，建筑的角度很符合几何学原理。宇航员在月球背面上还发现了许多脚印，和人的脚印类似，而在此之前，还没有人类登上过月球呢。

另外，还有个没有得到证实的说法。阿姆斯特朗登上月球后，曾经与地面中心联系，他很吃惊地说："这里有很多大得惊人的东西，就是那种宇宙飞船，它们排在火山口的一侧，正在注视着我们……"然而他的话还没说完，电信信号就突然中断了。除此之外，还有很多资料都显示月球上有"其他人"存在。如在照片上曾发现一架"二战"时失踪的美式飞机，有人推测可能是外星人把飞机弄到月球上的。

对月球背面的了解越多，人们越发现月球背面有很多无法理解和解释的奥秘，尤其是其中有很多证据显示有外星人存在。当然，究竟存不存在外星人，目前还没有确切的说法，期待科技进步能够早点解开这个谜题。

月球是空心的吗

人们往往认为月球和地球一样，都是实心的，然而在 20 世纪 60 年代，有不少科学家指出月球是空心的。这一说法出乎人们的意料，因而很多人并不相信。有些科学家认为月球是天然形成的，不可能是空心的；有些怀疑月球是外星人建造的，甚至认为月球本身就是外星人的飞行器。一时间，人们关于月球是否是空心的而争论不休。

1950 年，英国人威尔金斯在其《我们的月亮》一书中说："月亮是个中空的球体，月球内部的空间很有可能有月球居民居住，那里面的各种建筑都很奢侈、豪华，有无数的结晶物散布于月球内部的洞穴壁上，就像是一棵大树一样，有很多树枝蔓延，或纠集在一起，或伸向月球表面，或与月球表面的缝隙相连。总之，这里看起来就像是月球人的家园。"至此，关于"月球空心"的说法越来越流行。

1969 年，美国发射的"阿波罗"号飞船登上了月球，这是人类第一次登上月球，本来应该好好考察一下，但当时宇航员阿姆斯特朗在月球的活动范围十分有限，因为月球是个真空环境，要是不小心，很有可能就会永远飘荡在太空中。为了保护自己，阿姆斯特朗把一根绳子绑在飞船上，另一头绑在自己身上，这样一来，就免除了永远在太空飘荡的危险，但是也使其只能在绳子的范围内活动。

在人类还没有登上月球前，科学家已经根据望远镜观测的数据推测出，月球岩石的密度可能小于地球岩石的密度，当时阿姆斯特朗为了把一面美国国旗插在月球上，可是费了不少力气，用了很久的时间，也只能将国旗插入几厘米，这表明月球的密度的确非常大。后来阿姆斯特朗把月球岩石带回地球，科学家经过测算，发现月球岩石的密度确实比地球岩石的密度大。

科学家还发现，月球岩石的密度并不均匀，越向内部其密度越大，因此科学家推算，月球的核心应该是个密度非常大的物质，这样的话，月球的质量就会非常大，引力是跟质量成正比的，所以引力也会非常大，但是让科学家非常意外的是月球的引力只有地球引力的1/6。因此，科学家推算，这很有可能是因为月球是空心的球体，所以质量就小一点，引力也小一点。这样看起来，月球空心说是非常正确的。

人类登上月球后，通常会在月球表面安置一种测量地震的仪器，这种仪器可以在宇航员回到地球后继续工作，把数据传回地球，这样人们就能通过月球地震的情况来进一步了解月球了。然而月球的第一次地震却着实把科学家镇住了。地球上的地震时间是非常短的，然而月球上的地震却整整持续了3个多小时。虽然说这次地震是宇航员用无线电遥控飞船的第三级火箭撞击月球产生的，即人为制造的一次月震，但是它的表现也太出乎科学家的预料了。没有人能解释为何月球上的地震会持续如此长的时间。

现在我们来总结下，为什么有科学家觉得月球是空心的。首先，月球密度。月球岩石的密度要大于地球岩石的密度，因此月球的质量应该非常大，但是它的引力却非常小，这就自相矛盾了。其次，月球地震的时间。地震持续了3个多小时，如果像地球那样是实心的话，估计只能持续一分钟左右。最后，由探测器多次拍摄的照片显示，月球上有很多可能是人建造的东西，这也是月球是外星人建造的说法的根据。因为根据宇航员安置的测量地震的仪器显示，地震波只在月球较浅的区域传播，而不深入月球内部，因此说月球是空心的，因为只有是空心的，地震波才无法传播下去。

然而，按照宇宙形成的理论来说，月球不可能是空心的，因为内部的压力非常大，就像地球那样，内部压力高达几百万大气压，把核心都挤压成固态了，所以有科学家认为月球不可能是空心的。

月球真的是空心的吗？月球上真的存在外星人吗？如果有外星人，他们是月球人还是星外之人呢？月球上那些疑似人类建造的东西会不会是远古的地球人建造的？目前这一切都还缺乏能够让人信服的解释，只有等到未来才能确定月球究竟是不是空心的。

在月球上寻找水源

有科学家想过：如果科技条件成熟的话，人们可以在月球上建立一个永久的太空基地，而建立太空基地的首要问题就是月球上要有水，充足的水资源才能为宇航员长期生活在月球提供条件，也可以为移民月球上做好准备，同时还可以为航天器提供所需的氧气，甚至可以转化为燃料。所以说，探月寻水是人类研究月球的重要课题之一。

为什么科学家会猜测月球上有水呢？这是科学家根据地球的情况

猜测的。地球上有水，而且地球上的水很有可能是彗星与小行星撞击地球时形成的。而月球的位置和地球如此近，所以月球上也应该聚集着大量的水，但是月球的引力只有地球的1/6，于是大量的水就会汽化，向外扩散，只有少量的水会在引力作用下留下来。

人们对于月球水资源的寻找从来没有停止过。1994年，一艘名叫Clementine的宇宙飞船开始环绕月球飞行，并且拍摄了很多月球表面的照片，同时也对其表面进行观测，后来在一处陨石坑发现有无线电波传播，据科学家推断，这些无线电波可能是来自月球上的水或者冰。科学家认为，月球上有水的话，应该是以固态的形式保存在月球内部，因为月球温度低，这是形成冰的条件之一，同时由于月球离太阳很近，接受的太阳光很强，如果水是在月球表面的话，很快就会被蒸发掉。然而科学家多次利用望远镜在这个陨石坑寻找冰时，却始终没有发现冰存在的痕迹。

1998年，美国发射了“月球勘探者”宇宙飞船，这艘飞船的主要任务是在月球上勘测是否存在水，飞船中安装了中子分光仪，经过扫描，发现月球表面确实存在氢原子，而氢原子是水的重要组成部分，或者说这些氢原子就是组成水分子的氢原子依据。科学家依据飞船传回的资料推算，在月球的南北极藏有非常丰富的凝结水。科学家认为，这些水是以前的彗星或者小行星撞击了月球后，把水也带到了月球上，在漫长的岁月中，大部分水都被蒸发掉了，只有少部分水存留下来，因为月球温度很低，所以凝结成了冰。

为了能够进一步确认月球上是否真的含有水资源，宇航员遥控火箭撞击月球，希望能够溶解冰层从而发现水的存在，但是结果很令人失望。

按照科学家的推测，火箭撞击月球后，能够产生高达9.7千米的尘埃，大约会持续几十秒的光亮，这些可以通过望远镜进行观测，但是科学家通过望远镜发现尘埃并没有想象中的那么高，而且也没有光亮出现。科学家推断，这可能是因为月球表面含有水，所以尘埃才没有扬起那么高。但是没有光亮该怎么解释呢？科学家分析，可能是由于光在水汽中发生了反射、折射等，所以通过望远镜观察不到。

2009年，美国的月球侦察轨道器和印度的“月船”1号都对月球水可能存在的形式进行了观测，结果证明月球上确实存在水，并且藏水量非常可观。这个消息公布后引起极大反响，多年的探月寻水终于有了结果，因此这一年注定是个值得纪念的年份。

在新闻发布会上，美国科学家格雷格·德洛里说：“相比以前，如今的月球因为发现有水的存在而变得更加有趣味和活力，未来的月球将会有无数的可能性。总之，现在的月球已经不再是过去我们所认为的月球了。”虽然探测器真的发现了水的存在，但人们心中仍然有疑问，那就是这些水究竟是从哪里来的。如果有水，那么月球上会不会有生命存在？

关于月球水起源的说法很多，下面就是广为人知的四种假说。

火山喷发而将水带到了月球的表面。这个假说的前提是月球刚形成时就存在丰厚的水资源，但是都隐藏在内部，后来随着火山爆发，气体迸出而落在月球的表面，然后有些被蒸发掉了，有些则因为温度低而凝结成冰。

水是月球借助太阳的帮助自己形成的。太阳会喷射而形成粒子流“太阳风”，其中带电的氢离子在撞击月球的过程中，与月球土壤中的氧物质发生反应而形成了水。

彗星和小行星撞击说。月球上的水很有可能是与它撞击的彗星或者小行星留下来的，撞击留下来的水大多数被蒸发了，但是仍有少量水保存在月球上。有科学家认为，一些水可能存在于阳光无法照射到的极地陨坑，这里温度很低，水只能以冻结状态保存。

月球水来源于地球。若真是如此，那么地球如何将自身的水送往月球呢？科学家猜测有两种方式，一种方式是行星或彗星撞击地球后，地球上的水被撞到太空中，而月球是地球的卫星，绕地球旋转，又离地球最近，是最有可能“接收”这些水的。另一种方式是在某个时间段，地球是没有磁场的，太阳风把地球大气层中的水蒸气送到了月球上。当然，这两种说法都是猜测，发生的可能性非常小。

那么，月球上既然有水，而水又是生命之源，那么月球上会不会有生命呢？借助探测器传回的照片，人们发现了几十处不明人造物体，如金字塔、圆弯形建筑，还有很多城市遗址。科学家认为这些都不可能是自然形成的，而是人为制造的，也就是说月球上是很有可能存在生命的。

但不管怎样，在月球上发现水无疑是天文学史上一个里程碑，具有非常重要的意义。那些有着数十亿年历史的冰态水就相当于化石，对研究月球的起源以及演化过程有着非常重要的意义，同时也为我们研究太阳系提供了宝贵的资料。

关于月球起源的假说

在神话故事中，月亮上除了有居住在广寒宫的嫦娥外，还有个叫吴刚的砍柴人。广寒宫外有一棵桂树，已经生长了上千年，很有灵气，吴刚因为犯错，被玉帝惩罚到广寒宫砍柴，但是奇怪的是，吴刚每次砍断后，被砍的地方很快就会重新生长出来，几千年来，吴刚就一直做着这样的无用功。李白在诗中描述道："欲斫月中桂，持为寒者薪。"

自古以来，人们就对月亮的来历非常好奇，它到底是怎样形成的呢？然而时至今日，仍然没有定论。目前，关于月亮起源的假说非常多。

分裂说：这一假说认为月球是从地球中分裂出去的。1898年，乔治·达尔文就认为在太阳系形成初期，月球本来是地球的一部分，当时地球处在熔融状态，由于地球自转速度非常大，因为离心力一些物质从地球中分裂出来，后来这些物质就演化成了月球，甚至连从地球哪里分裂出去的都推测出来了，就是现在的太平洋地区。但是这个假说很快遭到了人们的反对，因为要想把月球那样的物质分离出去，需要极大的运转速度，而地球是不可能有那样大的自转速度的。另外，如果月球是从地球中分离出去的，那么其物质成分应该和地球是一样的，但是根据宇航员从月球上带回的岩石检测发现，月球上的铝、钙等成分较多，铁和镁较少，与地球上的岩石成分相差很多。

碰撞说：这一假说认为，在太阳系刚形成时，空间中有许多质量很小的天体，因为引力作用，有些质量小的天体就会相互碰撞，在漫长的岁月中，相互融合而形成了一个像火星般大小的天体。天体质量逐渐增大，偶然被地球的引力所吸引，朝着地球奔去，二者撞击在一起，在撞击的过程中，有大量的物质分离出去，虽然分离出去，但是仍然没有摆脱地球的引力控制，在环绕地球运行的过程中，逐渐形成一个新的天体，就是月球。天体在撞击地球之前，地球已经趋于稳定，组成地球的元素如铁、镍等早已沉入地球内部，被分离出去的质量都是些较轻的元素。

但这种说法也遭到了人们的质疑，像火星那般大的天体撞击在地球上，必然会释放出巨大的能量，这些能量足以将地球的外壳熔化，让地球成为一片岩浆海洋。同样，若是月球与地球相撞，也会形成岩浆海洋，而且“海洋”的深度能够达到500千米以上，然而宇航员在月球上并没有发现这样的海洋。

同源说：这一假说认为月球和地球是由太阳系中的原始星云在漫长的岁月中逐渐演化而成的。太阳系刚形成时，有一个巨大的浮动的星云，因受到引力作用而不断地旋转，不断地吸收其他物质，且越来越大，等到离心力大于引力时，一部分物质就会被分离出去，这样星云就变成了两部分，其中一部分形成了地球，另一部分形成了月球。按照这种假说，先形成的是地球，后形成的是月球，地球形成时带走了星云中相当多的铁、镍等金属成分，因而地球的核心就由铁、镍等组成。等到形成月球时，星云中的金属成分已经很少了，更多的则是较轻的元素。

后来科学家根据检测从月球上带回的岩石发现，月球的寿命要比地球的寿命长很多，而同源说认为地球先形成，月球后形成，因此两者是相互矛盾的。

俘获说：这种假说认为，月球原本是太阳系中的一颗小行星，但是由于某些原因，月球运行到地球的附近后却被地球的引力所吸引而开始围绕着地球运动，从那以后月球便成了地球的卫星，再也没能摆脱地球的引力控制。有人指出，地球俘获月球这件事至少要发生在30亿年前，因为只有那时才会有这样的机会，而且地球并不是在短时间内俘获月球的，而是经历了约5亿年的时间才慢慢地将月球俘获的。

这种说法能够解释地球和月球岩石成分的不同、密度差异等，但是也有科学家指出，要俘获像月球那样的天体，地球的质量应该比现在要大很多，而且俘获一颗天体作为自己的卫星机会是非常非常小的。所以有人提出，俘获月球并不是只靠地球自身的吸引力，还要靠其他星体的帮助，即太阳的引力、潮汐力和大气阻力。当然，其中起主要作用的力就是地球的引力。

月球进入地球的引力范围后，受到地球引力的影响，开始围绕着地球运转，同时受到太阳引力的作用，其运行轨道偏向椭圆形，但并不是完全的椭圆形。也就是说，月球还是有机会逃脱太阳和地球引力的控制的，但是由于大气的阻力，月球无法逃脱，但其运行轨道的半径会越来越小，如果没有潮汐力在起作用的话，月球恐怕会与地球相撞。

飞船说：这种说法认为月球本身是一艘超大的宇宙飞船，是由外星人控制的。有科学家认为月球内部是空心的，那些外星人就居住在月球内部，甚至还对其内部构造进行了猜测。该学说是由苏联的两位科学家在1957年提出来的，那个时候人类还没有登上月球。但是后来人类登上月球后的所见所闻，反而对“飞船说”很有利。宇航员在月球上见到很多人造物体，如金字塔、圆弯形建筑，还有各种城市遗址，这一切都似乎表明月球上有外星人存在。尤其是后来很多登月宇航员在公开场合说曾经在月球上见到过外星人，虽然他们的说法有待考察，但自此相信“飞船说”的人越来越多了。

尽管“飞船说”的说法有些天方夜谭，但是科学探索本来就是一个去伪存真的过程。因为在初次探索宇宙时，难免会有些天方夜谭的想法，不过随着科技的发展，有些想法会被否定，有些想法也会被肯定。所以说不怕“天方夜谭”，只要有一定的依据就行。

有人问，月球既然是宇宙飞船，那么外星人为什么要把月球放在外太空那么久，而且宇宙飞船是非常消耗能量的，那么能量从哪里来呢？外星人难道就不担心会遭到陨石撞击而毁坏飞船吗？

虽然人们对于“飞船说”的疑问有很多，但是真相究竟是怎样的，还有待进一步考察。

雨果曾经这样描绘过月球：月球是梦的王国、幻想的王国，对人类来说，月球就像是充满迷幻的世界，这个世界里有太多的奥秘等待着人类去挖掘。

[莫须有的外星来客]

有关外星人的传言与报道

从目前公开的各种信息和资料来看，科学家还没有在其他星体上发现外星人的存在，但是他们发现了一些能够间接证明外星人存在的证据，而且在地球上也出现了很多外星人的传言和报道，尤其是外星人所使用的盘状飞行器更是多次被人看到，这些在各种媒体上多有报道。当然，有些不明飞行物事后证明并不是外星人的飞行器，但不可否认的是，还有很多现象是现有科学技术无法解释的。

其实，宇宙浩瀚无边，整个太阳系和宇宙相比，不过是沙漠中的一粒沙子。宇宙中目前已知的星系就达 50 亿个，据估算，整个宇宙至少有上千亿个星系，在这种基数背景下，不可能只有地球上存有生命。我们之所以没有发现外星人，是因为人类的技术不能察觉到外星人，或者外星人的生命形态并不是我们所理解的那样。

据美国科学家最新研究显示：在银河系中存在着 500 亿颗和地球相似的行星，这些行星都有支持生命存在的条件，也许在未来的某一天，人类不需要走出银河系便能够找到自己的“邻居”。

外星人应该是存在的，只是宇宙实在太大了，目前已知宇宙中最快的速度是光速，外星人要到达地球就要以光的速度跑上数年、数十年，甚至数万年或者更久，这是非常漫长的时间，因此人们猜测外星人的飞船（UFO）也许能够快过光速，但是至今没有可靠的资料能够证明 UFO

到底是什么。另外，关于外星人的长相也只是根据那些目击者的描述而画出来的，是真是假也无从辨别。

来看一些有关外星人的传言和报道吧。

神秘的部落：1987 年，几位在非洲考察的科学家在森林中迷了路，为了能够走出森林，他们按照北斗星的指示一直往北走，也不知走了多久，突然间发现了一个与世隔绝的古老部落，这个部落的人和平常所见的人有些不一样，很像是闯入地球的外来客。出于好奇，几位科学家打算留下来做调查。部落的人见到有外人来，却并不感到惊讶，后来，科学家才知道，虽然部落与世隔绝，但是仍有不少人会偶然间来到这里。

经过一段时间的相处后，科学家发现这个部落的知识水平和技术能力要比外面的人高很多，尤其是他们对于宇宙很是了解，这让科学家很惊奇。后来相处时间久了，部落的人才说他们是火星人的后裔。大约在 200 年前，有一艘来自火星的飞船意外地撞上了彗星，导致飞船破损严重，为了安全起见，驾驶飞船的外星人将飞船降临在地球上，并与土著人生活在一起。

事实上，早在 1977 年就有一本畅销书提到过，在非洲某个地方有个部落是天狼星人的后裔，这些人早在 20 世纪 40 年代就开始向世人披露关于天狼星的消息，而科学家最早拍下天狼星的照片却是在 1970 年。

不仅如此，科学家还在很多古文明中发现了令现代人自叹不如的技术，那么这些高明的技术是不是外星人教给古代人的呢？

罗斯维尔事件：在“外星人事件”中，最有名气的要数“罗斯维尔外星人事件”了。此事件于 1947 年发生在美国新墨西哥州的罗斯维尔，事件发生后，美国白宫很快下令封锁消息，但是已经有手疾眼快的记者将这件事报道出来了。一时间，人们纷纷赶往罗斯维尔，希望能够目睹外星人的风采，让人遗憾的是，除了军方很少有人知道详细的内情，就连本地人也只是知道发生了一件奇异的事件，但是详情却没有人能说上来。

后来，美国空军迫于世界舆论只得去调查“罗斯维尔事件”，并在第二天发布了调查结果，调查上说这次事件并不是外星人事件，空中出现的3个不明飞行物也不是外星人的飞船，“罗斯维尔事件”和“莫古尔”侦察计划有关。这个计划是绝密的军事活动，按照计划，一些气球里面带着雷达反射板和声音感应器，主要目的是为了监视苏联的核子试爆。因此，美国空军给出的结论是：罗斯维尔所遭遇的事情以及飞船等，极有可能是“莫古尔”计划所施放的气球。

1995年，一部画面粗糙的黑白影片吸引了人们的注意，这部影片是由一个老摄影师提供的，按照他的说法，这部影片记录着1947年罗斯维尔空军基地解剖外星人的全过程，这是“罗斯维尔事件”发生以来第一个和它挂钩的影像资料，因为此影片证实了美国政府拥有外星人的身体，所以很快便引起了轰动。但是这部影片也遭到很多质疑，如罗斯维尔是空军基地，基地并不缺乏成熟而能保守机密的摄影师，没必要从外面找个摄影师；当时美国已经很少用黑白影片来记录解剖过程了，取而代之的是彩色影片，而且还有声音；从影像来看，这部影片中的医生很不专业，罗斯维尔空军基地并不缺乏优秀成熟的医生，为什么要派一个业余医生去操作呢？而且解剖外星人也算是一件大事了，不可能如此粗心大意。

2011年，美国联邦调查局披露了一批秘密文件，其中一份就是关于“罗斯维尔外星人事件”的。这份文件是个备忘录，是由曾经担任联邦调查局局长的胡佛记录的，上面记载着“罗斯维尔事件”的一些细节部分，其中有这些内容：在新墨西哥州罗斯维尔市发现“三个不明飞行物”，在每个飞行物里面都有几具类似人形的尸体，他们穿着金属制作的服装，虽然是金属，但是很柔软、面料很好等。文件披露后，各家电视台、报纸等都竞相报道这个消息，世人的目光再次聚焦在几十年前的“罗斯维尔事件”上。至此，罗斯维尔事件似乎可以画上句号了。

墨西哥农场主发现外星人事件：德国的《图片报》曾报道过这样一则新闻：2007 年某天早上，墨西哥农场主马拉·洛佩兹在田里劳作时，突然发现地上有个非常奇怪的“人”，这个“人”很矮，大约只有一米高，有着蓝色的眼睛，眼眶非常大，呈圆孔状；身上似乎穿着金属外衣，面目很狰狞，没有表情，口中吱吱呀呀地不知在说些什么。马拉·洛佩兹很害怕，于是将这个“人”溺死了。不久后，有几家实验室将外星人运走，进行进一步的调查。这几家实验室用了最先进的科技手段，从外星人身上提取了一些毛发、皮肤等样本，然后做 DNA 检测，然而却无法检测出他的 DNA。有人认为，之所以检测不出 DNA，恰恰是因为他是个外星人，是目前科学家还未了解的。

几天后《图片报》再次报道：马拉·洛佩兹在发现外星人几个月后，就被人发现离奇地死在自己的汽车里，墨西哥当地的警方曾投入大量的人力、物力去调查这件事，然而始终没有一个结果。后来有人指出，这个农场主是被非常高的温度烧死的，尸体都成了灰烬，而这个温度比平时所见的火焰温度要高很多。还有人认为，马拉·洛佩兹的死，很有可能是外星人的报复行为，这样的事情已经发生过很多次了。

与外星人沟通事件：2009年11月，比利时的几位科学家突然宣布说：外星人是存在的，而且还生活在地球上，目前已经有外星人跟他们进行了沟通，在这次沟通中，科学家回答了他们几十个问题。这几位科学家都是比利时科学院空间研究所的，该所的副主任还进一步证实了这些科学家的说法，并说，目前该所的科学家正在研究麦田怪圈，希望能够找到与外星人的联络方式。不过他也指出，目前人类和外星人还无法直接进行沟通，只能通过特殊的方式进行沟通。但是他相信在几十年内人类便能够直接、毫无障碍地与外星人对话，就像是跟熟人对话那样。

总统会见外星生物：关于人类与外星人遭遇的案例并不少，也一直是媒体争相报道的重点，因为目前人们只能从与外星人见过面的人嘴中得知关于外星人的消息。2010年，已经退休的州议员亨利·麦克尔罗伊对外说，在任职期间，他曾经有幸看过一份文件，文件里记载着有外星人来拜访地球，邀请美国总统艾森豪威尔前去见面。

1954年，艾森豪威尔曾失踪过一段时间，这段时间很有可能是被军队护送着去与外星人见面会谈了。当记者询问艾森豪威尔那段时间的行踪时，艾森豪威尔说自己去看牙医了。然而熟悉艾森豪威尔的人都清楚，他的牙齿一向不错，怎么会突然去看牙医了？有人认为，看牙医只是个幌子，是为会见外星人打掩护的。甚至还有人曾经描述了艾森豪威尔所见的外星人的样貌：个子很高，看起来和人类非常相似，只是有些发白——头发白，皮肤白，嘴唇也白。

然而对于是否会见过外星人，艾森豪威尔一口否认了。总之，这件事扑朔迷离，估计只有少数人知道真假，但是他们又不肯开口，只好等待有哪天这件事情可以解密了，到时人们就能知道失踪的那段时间艾森豪威尔究竟去做什么了。

2010年12月28日，俄罗斯《独立报》报道，自从进入12月以来，不断有民众发现天空中出现了不明飞行物，其中有一天还发现了两个飞行物，其中一个是发光的三角形飞行器，另外一个飞行器外围有两个圆环物体，里面的那个圆环按照顺时针旋转，外面的那个圆环按照逆时针旋转，这两个不明飞行物出现的时间长达4小时之久。

接连不断出现的不明飞行物引起了民众的关注，就连卡尔梅克共和国的前领导人伊柳米日诺夫都说，他认为这件事再正常不过了，他曾经跟穿着宇航服的外星人接触过，不明飞行物到处都有，只不过是最近数量多了些，没什么异常的。

在接受电视台采访时，伊柳米日诺夫说，1997年9月18日晚上，他正打算看会儿书然后休息时，突然听到有人站在阳台上喊他。他走向阳台，发现阳台上停着一个不大但光芒四照的飞行器，飞行器前门开着，有个类似于透明的阶梯，他沿着阶梯一步步走进这个飞行器。飞行器里面有很多穿宇航服的外星人，这些外星人通过意识与他进行沟通。在外星人的带领下，他参观了这个飞行器，同时外星人告诉他，他们其实一直生活在地球上，只不过把自己隐藏起来了，不与人类接触，因为目前的条件并不成熟。

这段采访播出后，有人认为伊柳米日诺夫"泄露了政治机密"，要求对他进行严查，不过这都是后事了。

似乎外星人总偏爱与总统打交道，难道是因为总统的话语权比较大吗？

外星人造访军事基地事件：这个消息是美国几位退役军官在新闻发

布会上说的。他们说，外星人曾经造访过美国和英国的几处军事基地，尤其是对弹药、核武器、火箭等比较感兴趣。其中一位军官还详细地描述了外星人造访基地时的场景。

1967 年 3 月 16 日，正在执勤的军官突然发现远方的天空中出现了一个盘形状的飞行器，与基地的距离越近，飞行器变得越大，不过它的速度非常快，前一秒还像是玻璃球那般大小，转眼间就像是乒乓球、排球、篮球，等到像一个圆桌那般大小时，飞行器却停止不前了，只是不停地旋转，然后有光束发出来，围着基地照射了一圈，仿佛在寻找什么，光束基本上是一闪而过，但扫描到弹药库时却多停留了几秒，然后才把光束收回。军官很是担心，因为这个基地是核导弹发射基地，一旦发生什么意外，后果不堪设想。然后军官说他听到无线电广播说，有外星人在基地着陆。

“杜立巴石碟”之谜：1938 年，一支考古队在巴颜喀拉山脉考察，这个山脉与世隔绝，海拔非常高，因而人迹罕至，考古队就是因为很少有人来过这里，所以才猜想这个地方可能会存在一些“原始证据”。经过长时间的探索，他们在山洞中发现了形状奇特的遗骸和数百个神秘的“杜立巴石碟”。这种石碟形状很统一，科学家在观察中还发现，这些石碟的沟槽中存在着一系列的未知的象形文字，这些象形文字刻画得非常小，需要用放大镜来看，而且由于时间久远，有不少文字已经风化了。有科学家试着去解读这些象形文字，他的理解是：杜立巴人来自空中，坐在宇宙飞船中，由于遭遇了一些意外，飞船坠毁，被迫降在地球上，但是他们中的很多人都被当地人杀害了，为了保命，杜立巴人只好去山上洞穴里躲起来。

据说，当时考古队还在洞穴的石壁上发现了很多雕刻的画，这些画看起来很像是各种天体，如太阳、行星等。科学家认为这些都是杜立巴人在逃难时刻画的，因为在1.2万年前，人类还无法画出这样的图画来。

这些石碟究竟是不是杜立巴人的飞碟的组成部分呢？至今也没有明确的答案。虽然杜立巴石碟目前还只能是个谜，但也许不久后，科学家就会宣告破解了这个谜底，就让我们拭目以待吧。

海底世界的外星人

目前，科学家寻找外星人时大都是从其他星体上找，认为和地球人生活在地球表面上一样，外星人也是如此，或者外星人比人类先进些，能够生活在星体内部，但是外星人存在的形式是多种多样的，有没有想过，也许海底世界也存在外星人呢？一般认为，外星人拥有比人类更加高级的文明，那么他们也许能够在海底世界生活。事实上，已经有人注意到了神秘的海底世界，并在海底发现了一些“海底人”。

关于这些“海底人”是不是外星人，争议非常大。对于这个问题，目前还没有明确的答案，因为人类对宇宙的探索还只是开始，认知能力非常有限，对很多现象都不能给出合理的解释，更何况是生活在海底的更加神秘的“海底人”呢？不过有人认为“海底人”属于能够生活在水中的特殊外星人。

虽然目前还没有证据证明海底确实生存着“海底人”，但是关于“海底人”的信息却不少，而且这些信息都有理有据，可信度非常高。

人类最早发现“海底人”是在1938年，在爱沙尼亚的半明达海滩上，突然出现了一个看起来很像是蛤蟆的人：“蛤蟆”有着圆圆的大脑袋，嘴很扁，四肢跟躯干很不协调……它正在海滩上悠闲地散步，当发现有人拍摄时，仿佛受了惊吓似的，一溜烟逃回了海里，速度非常快，拍摄照片的人几乎看不到它的双脚。摄影人拍摄的关于蛤蟆人的照片引起了很大的轰动，望着它的长相，人们想，蛤蟆人究竟是不是外星人呢？从那以后，人们便开始从海底世界寻找海底人，不得不说，人们的效率还是很高的，关于“海底人”的消息层出不穷。

1958年，美国国家海洋学会的罗坦听说了蛤蟆人的故事，于是便借助潜水装备，潜入大西洋约4.8千米深的海底，并且拍摄到了一些足迹，这些足迹跟人的足迹很相似，但明眼人一眼就能看出两者是有区别的。

1963年，美国海军在波多黎各东面的海域进行军事演习，在演习的过程中，海军们突然发现了潜艇周围有个很大的怪物，从形状来看，很像是“一艘船”。船速非常快，把潜艇远远地甩在了身后，经估算，它的时速能够达到300千米。就目前而言，人类的科技远远达不到这个水平。

无独有偶，在1973年，也有人发现了类似于“船”的怪物。这艘“船”和美国海军所见到的有所不同，这艘“船”从外表看来就像是雪茄烟，很长，条形。发现者是个叫丹·德尔莫尼的人，他说怪物看起来很庞大，因害怕与它相撞，于是便有意绕开它，然而它却仿佛在跟丹·德尔莫尼开玩笑，船向哪里转换方向，它便往哪里转换方向，眼看就要撞在一起，丹·德尔莫尼痛苦地闭上眼睛，然而什么都没有发生，等他睁开眼时，那怪物早已游远了。仿佛那怪物只是为了跟他“开个玩笑”。回去后，丹·德尔莫尼将此事讲给人们听，但是没有人相信他，都觉得他要么眼花要么出现幻觉了，但是丹·德尔莫尼始终相信，自己确实亲眼看到了“怪物”。

美国有个摄影师叫穆尼，是个潜水爱好者，他每年都要去不同的地方潜水拍照。1968 年，在海底潜水时，穆尼突然看到了前面有个由山石组成的通道，游过通道后，眼前便豁然开朗，前面不远处有个奇怪的动物正在伸展“躯体”，怪物的脸很像猴子，脖子很长，眼睛圆圆的、大大的……穆尼不敢打扰它，于是便悄悄地藏在通道旁边，那边有水草可以遮掩一下，以免被发现，然而当他行动时，那怪物便转过身来，在看到穆尼后，便用腿加速，飞快地游走了。后来，穆尼将照片洗印出来，这些照片后来也成为“海底人”存在的证据之一。

西班牙沿海的渔民，曾说过在海底见到了一个庞大的海底城市，这个城市是透明的，虽然没有看到有人居住在其中，但是这些渔民认为这样的海底城市可能是由外星人建造的。事实上，类似于海底城市的建筑物很多，如百慕大三角区水下的金字塔、巴哈马群岛海下的“比密里水下建筑”，这些建筑都不是人类所能建造的，难道说在海底世界真的存在“海底人”？

地球上 70% 的面积是海洋，海底世界如此庞大，如同陆地一样，而海底世界也是丰富多彩的，隐藏着无数的奥秘，需要科学家进一步去探索。神秘莫测的“海底人”到底存不存在，如果存在的话，他们真的是外星人吗，还是与人类有所不同的另一种生命形态呢？

目前已有不少科学家认为，“海底人”是真实存在的，他们也是外星人的一种，人类不能因为自己的生命形态而认为其他生命也是如此，不能因为人类需要呼吸，就认为其他生命也需要呼吸，这种想法是很狭隘的。其他生命也许是以人类所想不到的形态存在着。

也有科学家认为，“海底人”是不存在的，那些所谓的“海底人”只不过是种障眼法，就像是目前已知的 UFO 案例中，至少有 90% 都经不起推敲。

究竟谁是谁非，让我们拭目以待吧。

外星人的“俘虏”们

从目前来说，还没有发现外星人伤害人类的事情，但是曾有人提出，地球上每年有上万人神秘地失踪，很有可能就是被外星人劫持了。他们认为，外星人并不是没有伤害过人类，而是外星人拥有比人类更加高级的文明，能够把事情做得滴水不漏，因而人类很难发现其中的破绽。然而再周密的计划也难免有疏漏之处，所以才会有不少被外星人劫持的故事传播开来。这些事例真真假假，难以判断，然而事实究竟怎样，或许只有当事人心里最清楚。

近日有国外媒体报道，美国刚刚发现一个被外星人劫持的人，这个人突然出现在爱达荷州的公路上，是位看起来还很年轻的女士，名字叫作安·卡塔丽娜。她告诉人们说，她是在 1874 年被外星人劫持的，至今已有 140 年。人们对她的话将信将疑，UFO 研究专家赞・马埃勒斯和她谈论了很久，安・卡塔丽娜的信息也一点点地被挖掘出来。

经过几天的调养，安・卡塔丽娜很快便恢复了记忆，当她得知自己身处地球上时，激动得泪流满面，很难想象，一个人在一个实验室中一待就是一百多年。待她情绪稳定后，她说："我曾经当过一段时间的中学教师。1874 年，有一个外表看起来很像是小孩子的生人来拜访我，我虽然不认识他，但是觉得一个小孩子没什么可怕的，于是便开了门，走了出去。刚走出门，就好像被一股引力吸引，然后我看到自己竟然飘在半空中，然后眼前一亮，便什么也看不见了。等我睁开眼时，发现自己身处一个由金属造成的机器中，几个侏儒外星人正在对我做详细的医学检查，然后我便睡着了，等醒来的时候，才发现自己被带到了别的星球上。"

稍停片刻，她接着说："这颗星球和我们所处的地球是不一样的，这是个很奇怪的星球，仿佛置身在高温中，处处都能闻到金属加热后的气味，整个星球被层层白雾包围着。星球上很安静、很荒芜，四周除了这几个外星人再也没有其他外星人了。关于那颗星球，我只了解这么多，因为后来我几乎算是被囚禁在实验室里了，再也没有离开过。直到有一天，外星人好像遇到了什么事情，他们都出去了，只留我一个人在实验室，我趁机逃了出去，但是不久便迷了路。因为身体虚弱、惊吓过度，我昏迷了过去，醒来的时候，就出现在爱达荷州的公路上。这个名字还是我后来听说的，因为在当时，这片土地还是一片荒漠，没有被开发成公路。"

另外还有一件事，安・卡塔丽娜的额头上有个神秘的金属异物，她曾经想让医生帮忙取下来，结果医生在检查后发现，这是难以取下来的，或者说是不可能取下来的，因为金属异物已经成了她身体的一部分，外星异物已穿透颅骨与其长为一体，要是强行取下来，必然会命丧当场。

自从第一个人提出“外星人”的概念以来，便有不少人自称或者是被发现被外星人劫持，人类被劫持到别的星球上的经历也叫作第四类接触。可以说，目前外星人劫持事件仍是人们关注的焦点。

如今，被外星人劫持的故事层出不穷，如一位大学生曾说他在一次旅游时，因大雨滂沱而被困在了山顶，这时，他看见一个白点在远方的天空中越来越大，慢慢地演变成盘形，然后盘形飞行器便在离他不远的地方停了下来。从飞行器中走出了两个外星人，个子很矮，大约 4 尺高，有灰色的皮肤，没有鼻子，当两个外星人走在他面前时，彼此好像商量了一下，其中一个外星人手一挥，大学生便飘了起来，进到了飞行器中，被送到了一个陌生的星球，然后在上面待了几天，外星人又突然把他送了回来。这点让大学生很是不解，不过对于回到地球，回到熟悉的星球上，他还是非常高兴的。

在被外星人劫持的故事中，很明显故事的主人公大多数是美国人，科学家曾做过问卷调查，发现大多数美国人都相信自己被外星人劫持过。有人认为这是美国人在撒谎，也有人认为这只不过是幻觉，但不管真实与否，外星人劫持地球人的事件仍是一个未解之谜。

外星人曾经阻止人类登月吗

我们先来看一则新闻：据俄罗斯《新闻网》报道，艾德格·米歇尔在2009年接受采访时，曾说外星人是存在的，不但存在，而且和人类进行了多次接触。事实上，人类第一次登上月球后就已经发现了外星人的存在。据说，当阿姆斯特朗登上月球时，电视转播的信号突然中止，后来有人说，电视信号突然中断是因为阿姆斯特朗遇到了外星人，而且当时有不少人捕获了NASA和宇航员之间的通信内容，内容清晰地指出月球上是存在宇宙飞船的，也是存在外星人的。目前人类之所以得不到有关外星人的消息，就是因为美国和其他国家将这一事实隐藏起来了。

艾德格·米歇尔早年曾经搭乘"阿波罗"14号宇宙飞船抵达月球，他在公开场合多次说外星人是存在的，但是美国国家宇航局对此予以否认，他们说："米歇尔是位伟大的宇航员，但在是否有外星人的问题上，我们之间有着明显的分歧，但是我们从来没有对外隐瞒过任何关于外星人的消息。"

无独有偶，一向很少在公开场合说话的阿姆斯特朗在纪念登月40周年的纪念日时曾说："月球上确实有外星人的基地，而且这些外星人看起来很不欢迎地球人，他们希望地球人能够放弃继续探索月球。这一点，'阿波罗'号上的宇航员都可以做证，而且在我们拍摄的照片上，虽然没有直接拍到基地的正面，但是可以看出基地的影子。"阿姆斯特朗的这些话引起了轩然大波。难道外星人真的曾经阻止过地球人登月吗?

后来美国情报局的米尔顿·坎普说:“在月球上确实存在着外星人的基地,看得出来,外星人之所以驻扎在这里,就是为了采矿,他们还有艘非常庞大的宇宙飞船,目前为止,人类是建造不出那样的宇宙飞船的,而且从技术上来看,外星人有足够的能力在一小时内将地球摧毁。”

目前已知在太阳系所有的星体中,只有月球和地球是非常相似的,甚至目前还在月球上发现了液态水。水是生命之源,既然地球上有生命存在,那么月球上也是可以存在生命的。探测器多次探索月球,但都没有发现生命存在的痕迹,不过在月球上发现了许多能间接证明生命存在的证据。如20世纪60年代,“月球轨道”4号探测器传回了许多照片,科学家发现其中有张照片能够清晰地看到一个深谷中停着一个飞行器,而在以往的照片中,这个深谷并没有飞行器,这个飞行器似乎是后来才登上月球的。

这个消息得到了美国航空航天局专家马·诺温的确认,他说:“我并不热衷于研究外星人,也不是飞碟故事的爱好者,但是就目前的调查而言,在月球的某个深谷确实存在着飞行器。”那么,这个飞行器为什么会留在月球上呢?驾驶它的外星人在哪里呢?

有人认为,既然外星人在月球上留下了飞行器,那就表明这个飞行器还是有些作用的,因而将它隐藏在深谷中,也许有天外星人会继续使用这个飞行器。另外还有人猜测,这是外星人故意将飞行器留在月球上的,这么做的目的就是向地球人示威——这个星球已经有人占领了,你们就不要再来了。据悉,有很多人相信这个说法,就连美国政府的做法似乎都在承认这一点，因为美国政府目前所有的登月计划都把这个深谷排除在外。

也有人曾经对月球的起源做过调查，发现月球的“出现”仅仅只有几千年的历史，经过层层细致分析后他认为，月球是外星人的宇宙飞船。从目前关于月球的资料来看，月球内部很有可能是空心的，而且是人为创造的空心体。

在《外星人就在月球背面》这本书中，作者说到人类之所以看不到月球的背面，是因为月球背面是外星人的基地。月球之所以围绕着地球旋转，是因为外星人正在月球上偷偷地观察着我们。另外，作者还分析，人类并不是由神创造的，但很有可能是月球上的外星人通过“基因重组”创造了人类。也就是说，人类不过是外星人偶然的“作品”而已。

这本书的作者想象力很丰富，而且敢想敢写，也许这些想法在未来的某天会被证实是无稽之谈，但这并不会否定作者的想象力。很多时候，人类就是因为想象力才显得伟大的，没有想象力，也就没有今天人类天文学的成就。

从目前的消息来看，似乎月球上存在着外星人，他们可能生活在月球的内部，也可能只是把月球当作基地，还有可能只是路过月球。对于外星人是否阻止过人类登月还不得而知，但可以肯定的是，科学家是不会放弃继续对月球进行考察的。

贝蒂·希尔事件

很多人声称自己被外星人绑架过，不管是真是假，反正关于外星人绑架人类的消息层出不穷，其中最有名的就是贝蒂·希尔事件。按照希尔夫妇的说法，他们是在1961年9月19日至20日被外星人绑架的，这个事件被媒体报道后，很快引起巨大反响，使其成为第一次被广为人知的外星人绑架事件。

希尔一家是美国普通的家庭，丈夫是美国邮政公司的员工，妻子贝蒂是一名社会工作者，他们踏踏实实地工作、认认真真地生活，日子倒也过得和乐有趣，也许是外星人看他们的生活过于平淡，所以才想跟他们开个玩笑。

1961年9月19日晚上，希尔夫妇结束度假后正开车赶回自己的家中，因为明天要按时上班，所以他们的车速很快。根据贝蒂·希尔的回忆，当他们开车到达兰开斯特的南郡时，时间大概在晚上10点，正在开车的丈夫突然发现月亮附近出现了一个明亮的光环，很是奇特，于是他告诉了贝蒂。贝蒂一开始以为是颗星星，然而让她意外的是这颗“星星”在不断地运动、不断地变大，模样也逐渐有了变化，由刚开始的圆环状变成了盘状，越来越像贝蒂曾经听姐姐说起过的飞碟。贝蒂有个姐姐曾经见过飞碟，并将飞碟的形状详细地描绘给贝蒂听，所以贝蒂看到“星星”就想到了姐姐说过的话。贝蒂将自己的疑虑告诉了丈夫，丈夫很惊讶，他们决定停车观察一会儿。

车在路边停下，贝蒂打开后车门将狗放出来，狗一溜儿小跑，很快消失在树林中，贝蒂则开始用望远镜观察“星星”：“星星”越来越大，已经能够看到“星星”的模样了，很明显就是一个飞碟。飞碟好像有好几层，层与层之间的缝隙发出耀眼的光芒，甚至能够看到飞碟内部的人的影子。

丈夫很是害怕，于是他们开车加速离开此地。虽说在离开的过程中他们的眼前并没有再出现过飞碟，但是飞碟的轰鸣声一直在他们耳边响起，而且声音越来越大，似乎表明飞碟已经越来越靠近他们。片刻后，他们突然感到意识模糊，然后不省人事，等清醒过来时，时间已经过去了两小时，这时贝蒂惊讶地发现自己的裙子有撕扯的痕迹，车上也有很多来历不明的脚印，丈夫检查了车门，发现车门锁得好好的。事情有些荒谬，让人难以理解，于是他们 20 日白天去一个空军基地讲述了所见所闻。据说，空军基地在昨晚曾经检测到有不明物出现。

虽然不知道那两个小时发生了什么，但是贝蒂的梦境却似乎有所暗示。她梦到自己和丈夫被外星人抓进飞碟，并被外星人检查。贝蒂有些惊慌，她怀疑那两个小时可能与外星人有关，于是去图书馆查阅了一些关于外星人的书籍，慢慢地，贝蒂越来越相信那天晚上确实遭遇了外星人。

第二年，由于精神长期紧张，丈夫的高血压和溃疡症复发，要想病情好转，就要缓解心理的压力，保持心情轻松，于是他们向著名的精神病医生本杰明·西蒙求助。听完希尔夫妇的描述后，西蒙决定采用催眠法治疗。

催眠过程中，西蒙试着引导他们回忆那晚被外星人劫持的场景，不过对于外星人，贝蒂丈夫很是抗拒，所以为了能够有好的催眠效果，西蒙把他们安置在不同的房间。在这次催眠中，贝蒂描绘了他们所见到的外星人，外貌跟“罗斯维尔事件”中的外星人相差不大，和人类很相似，只不过眼睛很大，呈圆形，另外还描述了外星人抓他们做了些什么。突然间，贝蒂说有个貌似外星人首领的人向她展示了一幅星图，并告诉她这幅图所画的就是外星人生活的家园。在西蒙的指示下，贝蒂将这幅图画了出来。在这次治疗之后，希尔夫妇的生活逐渐恢复了正常，像从没有发生过劫持事件似的，然而他们二人的经历却通过各种途径被世人所知道。

贝蒂在催眠状态下所画出来的那幅星图更成为他们遭遇外星人的铁证，在一般人看来，在催眠状态中，一个人所说所想的都是真实的。后来有个叫玛乔丽·费雪的天文学家对这幅星图很感兴趣，经过研究后，她认为这幅星图代表的是几十光年之外的某个星球。

虽说在希尔夫妇事件之前已经发生了很多被外星人劫持的事件，媒体报道得也不少，但是这些报道都很不详细，而且缺乏一定的证据，“贝蒂·希尔事件”却有着重要的证据。

不过，“贝蒂·希尔事件”也有着不少漏洞，但这件事的意义不在于真假，而在于唤起了人们对于外星人的兴趣，在这次事件之后，很明显地，人们对宇宙、对地球更加关心了，这才是“贝蒂·希尔事件”的真正意义。“贝蒂·希尔事件”究竟是真是假，历史终究会给出一个说法的。

枪击外星人

若见到外星人，很多人的第一反应恐怕就是害怕，尤其是外星人的长相与人类有着很大的差别，让人不得不往“怪物”“妖孽”之类的词语上联想，只是这样一想，在面对外星人时还没交手气势上就输了。不过，有些人在面对外星人时却能够认清自己的处境，敢于反抗，甚至开枪。1995 年 8 月 21 日，在美国的肯塔基州附近就发生了一起枪击外星人的事件。

事件的主要发生地是萨顿的农庄。那天晚上，萨顿一家正打算吃饭，这时一个年轻人突然惊慌失措地来到萨顿家里，并说他在农庄看到了一个盘状的飞行物，飞行物看起来很小，但是分成好几层，层与层之间的缝隙发出耀眼的光芒，这些光芒颜色不定，流光溢彩，很是美观。年轻人还说他能够看到飞碟上有外星人的影子。从身高上看，这些外星人就像是未成年的孩子。年轻人一再保证自己所说的都是真实的，但萨顿一家并没有相信，他们认为这个年轻人可能是将流星当作飞碟了，或者是出现了幻觉。年轻人很着急，但也没有办法说服他们。

大约过了片刻，庄园里的狗突然狂吠起来，看起来像是受了什么刺激，于是萨顿和年轻人两人拿着枪，要走出去看看发生了什么。当他们打开房间的门时，看到的却是一个两眼呈圆形、四肢很短小的外星人，外星人正在一步步地向萨顿家走来。只见这个外星人双手举过头顶，口中发出令人难以理解的声音，不知是在呼唤同伴，还是在说自己没有恶意，但是年轻人和萨顿的心里非常恐惧，他们退守屋内，依靠手中的枪来振作精神，萨顿说："不要走过来，否则我就开枪了！"

外星人仿佛没有听到，或者是听不懂，依旧向前走着，萨顿见外星人越来越近，心慌之下，便开枪了。枪的威力很大，外星人被迫退后了好几步，然后像人类那样捂住伤口，眼睛恨恨地望向萨顿，然后便飞走了。萨顿松了一口气，虽然这一枪没有对外星人造成致命的伤害，但是总算把外星人赶走了。然而事情并没有就此结束，不久后又飞来了一个外星人。这次，两人没有犹豫便举枪射击——反正已经枪击了一个外星人，也不在乎多一个。外星人被击飞，跌落在远处的地面上。

年轻人认为外星人可能已受伤而死，便前去查看，但是刚走出门时，门上方突然出现了一只手，这只手抓住了年轻人的头发，直接往上拉，萨顿看到后急忙跑出来帮忙，对准门上方的手臂就是一枪，子弹射中手臂时，手便松开了，年轻人落在地面上，面无血色，苍白得很。这时，又有个外星人出现在离房门不远的一棵大树下，外星人将身体隐藏在大树下，只把脑袋伸出来，观察萨顿这边的情况。年轻人急忙站起来，朝着大树的方向就是一枪。不过这一枪并没有击中外星人，外星人见势不妙，便逃走了。

这时，一个外星人突然从房屋的左侧移动过来，很明显是冲着房门口的两人而来，萨顿急忙举枪射击，但是枪击好像没有什么效果，子弹落在外星人身上就像是击在了金属上，只能让外星人的衣服出现一个浅浅的凹坑，萨顿很惊慌，如果连枪支都对付不了外星人的话，他就没别的办法了。好在外星人并没有步步逼近，而是转身逃开了。

在这几次枪击中，萨顿发现外星人走路时好像并不需要关节，而是飘来飘去的。只要被枪击中，他们的身体就会发出异样的光芒来，一闪一闪地，像是在发求救信号。然而有的外星人身体非常强悍，不怕枪的射击，因而萨顿很害怕，于是决定向警察局求救。打通电话后，警察大约在一个小时之后到了农庄，因为农庄离城市有点儿远。

警察们在听完外星人事件后，便陪着萨顿在农庄进行检查。他们围绕着农庄仔细搜索，但是搜索了半夜也没有找到萨顿所说的外星人，警察们便怀疑萨顿作假，糊弄警察，于是大声谴责萨顿这种行为是在浪费社会资源，是不道德的，萨顿争辩无力，警察们更觉得萨顿是在说谎，于是便离开了。

然而就在警察离开后不久，萨顿看到那些可恶的外星人又出现了，他再次报警，却没有人相信他，甚至挖苦他是个疯子。外星人趴在窗户上，一双大眼睛好奇地打量着屋内的人，屋内一片寂静，没人敢说话，萨顿的额头因为恐惧而渗出了豆大的汗珠。半晌，萨顿深吸一口气，然后慢慢转移到窗户前，举枪射击，这次并没有击中外星人，然而外星人好像知道被枪打到虽不致命，但是不好受，因此随着枪声一起消失了。这个晚上，萨顿一家和年轻人都没有入睡，因为不时有外星人出现在窗户外，他们怎么敢安然入睡呢？谁知道他们真的入睡了，这些外星人会不会偷偷溜进来，加害他们。萨顿等人和外星人这样对峙着，直到太阳快出来时，这些“大眼睛小矮人”才离开。

农庄遭遇外星人的事情很快便闹得满城风雨，越传越玄乎，不少人前去农庄想一探究竟，甚至有人从萨顿家人口中套出了外星人的模样：眼睛非常大，呈圆形，两眼之间的距离也很大，没有头发，鼻子和嘴都非常小，四肢短小，但是手很大，骨节分明，行动起来身躯直立，不能肯定的是他们究竟有没有颈。但是在一些问题上，萨顿家人的回答有矛盾之处，因而有人认为萨顿一家人在说谎，这让萨顿一家很灰心，于是他们拒绝再跟任何人谈起关于外星人的事情。

枪击外星人的事件虽然遭到了很多人的质疑，但是也有人相信事件是真实的，按照他们的说法，因为萨顿家人可能在此之前不知道有外星人存在的说法，所以才导致他们所说的话有些矛盾，因为他们说的都是自己见到的。

关于枪击外星人的事件究竟是真是假，目前仍争议不断。

外星人究竟是善是恶

尽管无数影视作品中都塑造了奇形怪状、缺乏美感的外星人形象，但相信很多人依然对外星人抱有美妙的幻想，希望有朝一日能够碰上一个来自其他星球的人，有的人甚至希望自己也可以变成外星人，体验一下不一样的“人生”。

不过对于外星人，鼎鼎大名的科学家霍金有着自己的看法。据《泰晤士报》报道，霍金为1997年的《探索》频道五月份播出的新纪录片《斯蒂芬·霍金的宇宙》撰写了新的文稿，整部纪录片耗时三年，规模宏大，而霍金也在其中谈论了自己对于外星人的看法。

他认为，仅通过简单的数学推论就可以证明“外星人”这种生物确实存在，他们真真切切地存在于银河系中。不过他推断，那些外星人的智商未必有多高，而他们对地球人的态度也不一定会友善，如果让他们与地球人相遇，也许他们对地球人的恐惧程度要高于我们对他们的恐惧程度，不过，他们的可怕之处在于，他们对人类造成的威胁会比较大。

“假如外星人真的来到地球，我想就和欧洲人发现新大陆差不多。想当年，哥伦布发现了美洲大陆，结果那些美洲的原住民却遭了殃。我想，外星人如果要来地球上，恐怕是来者不善，善者不来。”

霍金认为，如果外星人要登陆地球，他们只能坐着自己发明的大型飞船过来，而且要耗费很长时间才能来到地球。由于旅途劳顿，且出发时带着的资源也消耗得差不多了，他们必然要在地球上开辟殖民地，以供其日常所需。就算登陆其他星球也是一样的，甚至会像电影中描述的那样，将人类抓去做苦力。

从最初的《星际迷航》再到《飞向太空》，以及后来的《E·T》，人们对于宇宙的探索和想象从未停止过，人类一直想开拓外星，期望能发现一丝来自其他星球的生命迹象，甚至希望与外星人发生联系，然后交流沟通、互利互惠。可是霍金却语出惊人：“最好不要主动与外星人发生联系。”

2010年4月25日，霍金在一部关于科学和宇宙的纪录片《跟随斯蒂芬·霍金进入宇宙》中出镜，他说，外星人存在的可能性非常大，但人类最好不要尝试去寻找他们，而是应该极力避免与之接触。在这部纪录片中，霍金详细地向观众介绍了他对于是否存在外星人以及其他宇宙未解之谜的看法。

他指出，宇宙中存在着上千亿个星系，且每个星系都包含着大量的星球，仅凭这一简单的数字就能够断定外星必然有生命存在。然而，真正的挑战在于，我们非常想弄明白所谓的“外星人”到底长什么模样。霍金认为，外星生物很可能只是以微生物或者初级生物的形式存在，但无法排除会有威胁人类的智能生物存在的可能。

这些生物大概已经快耗尽他们本星球的资源了，因此不得不选择巨大的太空船来居住。霍金认为，这些高级的外星人很可能会变成“游牧民族”，靠征服新的领地而活下去。如果真是这样，那么地球偌大的资源库对外星人来说可是宝贝，如果他们来到这里，很可能会疯狂地将地球洗劫一空然后离去。人类先前想与外星人主动接触的想法有些“太过冒险”了。

美国著名历史学家尼尔曾说过：“在地球上，强大的（比较发达的）文明控制比较弱小的文明，并不取决于彼此政治上的从属关系。”因此，当一个弱小落后的文明与一个水平远远在其之上的外地文明建立联系的时候，弱小的文明就会被强大的文明所“压制”，最后消融于强大文明的势力之中。

不过，中国著名数学家和语言学家周海却有不同的看法，他在1999年发表的名为《宇宙语言学》的论文中指出：“这类担心是完全没有必要的，因为文明越是高级，就越珍惜和平，这也是古代战争多、现代战争少的原因，如今在地球上和平的观念早已深入人心。若外星人比人类更加高级、聪慧的话，那么他们的理智便能决定他们必须有分寸地对待一切宇宙智慧生命体。”因此他认为，即便人类主动和外星人发生联系也没有那么可怕，地球人与外星人将来一定能够和平共处并友好地发展的。

看来，对于地球人和外星人究竟是否能和平共处这个问题，还将继续争论下去。

实力强悍的“黑衣人”

在电影中，我们常常看到一些身穿黑衣、戴着墨镜的人来回在各个时空穿梭，他们的身份并不是固定的，有的是宇宙警察，为了抓捕逃走的犯罪；有的是联邦调查局成员，负责调查一些神秘事件或者是危及国家的事情。这类人还有个酷酷的名字——黑衣人。

1973 年，美国杂志《宇宙新闻》中有一篇关于“黑衣人”的论文，这篇论文发表后很快在科学界引起了轰动。该论文的作者列举了大量事实，证明所谓的“黑衣人”在地球上是存在的，而且在古代就已经有“黑衣人”存在了。

按照作者的说法，在几个世纪之前，“黑衣人”的活动远没有现在那么频繁，当然也没有现在那么公开。如果这些“黑衣人”当真肩负的使命是保护他们那个星球的人的话，那么可以断定，他们现在受到的来自地球科学家探索发现的威胁要大于以往的任何时候。在古代时由于人们很迷信，所以会把“黑衣人”的出现当成一种神秘现象而不去深究，但现在人们的思维已经逐渐开放，不会再迷信，更不会把“黑衣人”当作神秘现象，反而会产生更大的热情去研究“黑衣人”。

有的人认为，他们是外星球派到地球上的调查者，是来掌握地球资源情况的。不过到目前为止，还没有人能够掌握这些“黑衣人”的信息，人们所掌握的只不过是些由猜测或者听他人所说的内容，大部分人对“黑衣人”的印象还停留在外形上:“黑衣人”都穿着黑衣，戴着墨镜，看起来非常魁梧强大。“黑衣人”会在需要的时候与人类接触，在经过详细的问答后,“黑衣人”还会使用一种技能让人类忘掉刚才发生的事情，和“黑衣人”有关的一些照片、记录什么的，都会被他们顺手拿走。“黑衣人”虽然实力强悍，但是他们很少杀人，也许是因为他们并不想让太多的人知道他们的存在，这样的话，对他们探索地球资源是非常不利的。

也有人认为，“黑衣人”是美国中央情报局的情报人员，之所以把身份弄得这么神秘只是为了伪装，这种假设曾一度广为流传，还专门有人为此发表文章。加拿大《魁北克 UFO》杂志的某一期上就刊登了署名为威多·霍伟尔的名为《“黑衣人”与中央情报局》的文章。文中说:“关于‘黑衣人’的传说很多，我们在世界各地的书籍上都见过有关‘黑衣人’的详细介绍，在电影屏幕上也看到过很多‘黑衣人’的身影，有的人甚至宣称拿到了‘黑衣人’存在的证据，但是他们又说如果他们不能够为‘黑衣人’保密的话，就会性命堪忧。‘黑衣人’通常会把所有有关‘黑衣人’的证据都拿走，他们非常小心谨慎，同一个地点，通常不会出现两次。”他认为，因为中央情报局一直在调查关于飞碟的问题，而且，为了让那些诚实的目击者说出有关飞碟的情况，使用“黑衣人”的手段来让他们开口。

世界上一些研究 UFO 的专家指出，种种迹象表明，“黑衣人”的存在是毋庸置疑的，因为他们同人类有所接触的事例已经很多了。所以，我们没有任何理由将这种接触说成是某种幻觉或者故弄玄虚。但是，将

“黑衣人”说成是中央情报局的情报人员，却是站不住脚的。

在不同的历史时期，人们对于“黑衣人”的看法也是不一样的，除了有中央情报局的情报人员被当成“黑衣人”外，其他如社会工作者、国际银行家等也都有被当成“黑衣人”的经历，因而认为中央情报局的人员是“黑衣人”的说法是站不住脚的，因为这些神秘的“黑衣人”早在这之前就已经是“知名人士”了。

1880 年，在美国新墨西哥州的加里斯托·江克辛村，有人看到过一个有着和鱼差不多形态的东西从村子的上空飘过，这个人很好奇，于是跟着这个东西往前跑，不久后，这东西突然落了下来，这人赶紧跑上前去查看，却发现是个像瓦罐一样的东西，“瓦罐”上还刻满了奇怪的文字。村民们把这个“瓦罐”送到了镇上的一家商店里。不久后，有一个打扮很神秘的人前来商店用大价钱买走了那个“瓦罐”，从那以后，很少有人再谈起这个像瓦罐一样的东西。

诸如此类的事例不胜枚举，有的甚至发生在更遥远的年代，因此中央情报局的假说自然无法成立。另外，按照目击者所描述的“黑衣人”的情况来看，“黑衣人”实力是非常强悍的，他们有足够的能力将目击者直接干掉，所以怎么会让目击者活下来，给自己惹来那么多麻烦呢?

1951 年，在美国佛罗里达州的基维斯特发生了一件奇怪的事情。有一天，几个海军军官和水手正驾驶着一艘汽艇在海面上飞驰，突然，一个发出脉动式光线的像雪茄形状的神秘物体随着海浪出现在他们眼前，只见这个物体上射出了一条淡绿色的光柱，直插海底。他们几个人都声称看得清清楚楚。其中还有一个非常有意思的细节，那就是当这个雪茄形状的物体随着海浪出现之后，他们周围的海面上霎时间翻起了很多死鱼，这个时候远处的地平线上突然出现了一架飞机，然后他们就看到那个神秘物体也随着飞入高空，很快便消失不见了。

几个人惊诧不已，半天都没有缓过神来，他们议论纷纷，但谁也说不清楚这到底是什么东西。随后，汽艇在基维斯特港靠岸，军官和水手刚下船就迎面遇上了一群身穿黑色衣服的官员，这些官员拦住他们，详细地问了他们许多问题，而且不断地让他们描述在海上看到的情形。其中一名目击者说，这些黑衣官员正试图用提问的方式暗示他们，最终要使得他们的目击报告失去真实性。简单地说，他们被暗示要求必须对刚才海上发生的一幕保持缄默。

在艾伦·海尼克博士所著的《不明飞行物：虚幻还是现实》一书中，也写到了有关“黑衣人”的事例，只是没有沿用这个名词。书中一篇名为《第三类近距离接触》的文章中讲到这样一个事例：

那是在1961年11月的一个寒冷的夜里，有4个人在美国北达科他州看到一个明亮的飞行物停在一块空地上，起先，他们并没有在意这个物体的来历，只是以为这个飞行物发生了故障，因此四人把车停在了公路旁，熄了火。经过一番商量后，他们决定过去看看，要知道，在这样的雪夜中若是有人滞留在这里是非常危险的。

4个人爬过了一道篱笆，朝着那个飞行物跑过去，令他们惊讶的一幕发生了，在这个形状怪异的飞行物周围，站满了看上去就不是地球人的古怪生物（作者将其称为类人智能），他们停在原地，无法挪动脚步。这时候，一个类人智能向他们做出了威胁的手势，让他们赶紧离开。出于自卫反应，这四人当中的一个随手拔出枪朝着对面开了一枪，那个打手势的类人智能应声倒下，像是真的中了弹。

紧接着，停在空地上的飞行物突然起飞，钻入天际，这四人吓得撒腿就跑。

第二天，突然有人来到他们的工作单位找他们，并且把其中一人带走了。这个人被带到了一群陌生人面前，这些陌生人对待他的态度并不客气，先是盘问，然后就来到他的家四处翻找，而且特别仔细地检查了他的鞋子，然后什么话也没留下就走了。

从这以后，这 4 个人再也没有提起过这件事，此事也就成了一个无法解开的谜。

英国有一份著名的杂志《飞碟杂志》，它的创办者名叫瓦维尼·格范。格范先生晚年时不幸罹患癌症，并于 1964 年 10 月 22 日去世。从表面上看，他的死并无什么奇怪的地方，可熟悉他的人都知道，格范先生在家中保存了很多详细的飞碟资料，然而在格范先生死后，他的家人却连一份材料都没找到。

而另外两位蜚声世界的飞碟研究专家也突然死去，且死因离奇。更让人感到惊异的是，据他们的助手称，两人在离世之前，正准备向世界宣布他们对于飞碟的最新研究成果。

弗兰克·爱德华兹在他所著的一本书中也曾讲过一个事例：1965 年 12 月的一天，一位供职于美国某联合企业的中层领导突然目睹了一个飞碟，不过他搞不清楚这到底是亲眼所见还是幻觉。过了几天，有两名“军官”来拜访他，询问了他很多问题，然后措辞严厉地对他说：“我们相信你应该明白自己接下来该怎么做，无须多说，但我们给你个建议，最好不要向任何人谈起这件事情。”

当然，人们可以相信，这两名“军官”就是真的美军军官，然而蹊跷的是，很多目睹过飞碟的人也遇到过同样的事情，而且这些“军官”的行为都很反常。当目击者谈到他们的时候，所描绘的特征基本一致：东方人的脸，身材比一般人要高大很多；他们乘坐的车子从外形到车牌都非常罕见……有的目击者也曾向军方提出抗议，但军方拒不承认曾做过这样的事情。

有人称，有关组织已经调查了与“黑衣人”有关的50多起案件，那些事后出现的“军人”或“军官”要么是直接找到目击者，要么是通过电话和目击者联系。这位爆料的人说他曾经走访过五角大楼，想验证一下军方是否真的出动过军队去“骚扰”目击者，但得到的答复是，军方没有任何人听说过他提到的这50多起事件中的任何一起。

那么，这些神秘的“黑衣人”到底是些什么人呢？他们来自哪里？他们用了什么手段找到目击者的？又有什么目的？全世界的飞碟研究者都在思考这些问题。

1971年，加拿大的《阿法杂志》刊登了一篇名为《神秘现象研究会的思想线路》的文章，文章中详细分析了与“黑衣人”有关的很多线索，并且给出了结论，作者认为，在“黑衣人”、海底盘形物以及很多神秘失踪案件之间存在着一定的关联性。

作者假定“黑衣人”就是外星人。出于保密或者类似的原因，这些人常常会袭击地球上的飞碟研究者。因为这些研究者可能掌握了这些人的一些信息，出于安全考虑，他们才会对研究者下手。由此推断，这些外星人可能已在地球上的某个地方建立了基地，只有如此，他们才能够监视那些观察他们的人，控制那些对他们有威胁的人。当然，他们建立基地的目的肯定不是监视这些研究者，或许是有着不可告人的秘密，因此他们才会偷偷摸摸，不敢光明正大地与人类接触、沟通。

另外，作者推断，这个秘密基地就设在海底。因为海底从目前来说，乃至将来仍旧是人类不可涉足的地方。外星人将基地设在海洋深处是非常隐蔽和安全的。人们常常会看到一些关于海洋上的离奇失踪事件，这也许就是因为这些游轮或者潜艇太靠近飞碟的海底基地的缘故，也或许是这些潜艇意外地拍到了海底基地外层设施的照片，而被外星人“处理”了。

作者认为，外星人存在的假设是有理有据的。但“黑衣人”并不会对所有的地球人进行袭击，他们只是针对那些“发现了‘黑衣人’存在的人”。至于那些寻找证据或者正在寻找证据的人，“黑衣人”往往不去干涉。

约翰·基尔发现，在有关“黑衣人”的各项研究中有着一个奇妙的线索：所谓的“军官”都竭力反对和掩盖飞碟是来自地球的假设，同时他们暗示人们去猜测飞碟其实来自某个星球。

这里还有一个非常有趣的现象，很多研究机构都报告曾经丢失、损坏或者神秘失踪了一些物品，而那些物证恰恰都是与飞碟的来源有关的。如此一来，我们是否可以怀疑，特洛伊遗址发现者的孙子保罗·施利曼的神秘失踪就是“黑衣人”所为呢？要知道，在失踪前，施利曼正要宣布一个惊人的发现，那是关于1万年前消失的大西洲的有关情况。

催眠状态下的陈述

神秘的劫持事件一直是人们关注的焦点之一。而现在已知的劫持事件有以下共同点：只有当事人自己在催眠状态中的陈述，而没有其他证人以及在事件发生过程中拍成的照片或者录像带等有力的证据。

劫持事件还有一个更难解的谜，那就是过程中的“时间丢失”，也被称为“记忆空白”现象。那些被外星人劫持的人在安全回归之后，通常都会出现短暂的失忆现象，事实上，他们完全无法想起自己在飞碟中的经历。这失忆的时间段有的是几分钟，有的长达几小时，有的甚至长达几天，他们甚至都想不起来自己究竟在哪里看到了不明飞行物，它们又是如何消失的。

但实际上，这些人的记忆并没有丢失，它们似乎只是被封存在了大脑的某个角落里，从表面上看就像是被抹去了一样，他们根本不记得这段时间被外星人劫持过，当然也想不起来外星人长什么样子。但有研究者却发现，这段记忆能够通过催眠被唤起。

当事人在催眠的过程中，能够说出自己在哪里见到了不明飞行物，又是如何被外星人掳上飞碟，以及上了飞碟之后的一系列行为，包括同外星人交谈的细节，他们还能够清晰地描述出外星人的长相，还有飞碟内的布置构造。

1975 年 11 月 5 日傍晚，在美国的亚利桑那州，22 岁的伐木工人沃尔顿收工后和 6 名同伴一同乘车从森林返回小镇上，途中忽然看到了一个巨大的发光飞行物，外形与飞碟一模一样。大家都惊呆了，这时，沃尔顿却突然从车上跳了下去，朝着飞碟的下方跑过去，还没等其他人反应过来，沃尔顿就被一束强烈的光线吸入飞碟中，从此以后，他就失踪了。

沃尔顿的家人、朋友很是着急，纷纷想办法寻找。谁料 5 天后，沃尔顿又出人意料地回来了，但大家都发现他产生了奇怪的变化，像是大脑受到重创失忆了一般，问起他这 5 天去了哪里，他的眼神很迷茫，似乎一点儿也想不起来。

沃尔顿的事情引起了飞碟专家的重视，他们说服沃尔顿接受了催眠治疗。在被催眠后，沃尔顿想起了一些事情：当他跑向飞碟并迅速被光吸入后，他来到了飞碟舱内，一些奇怪的外星人检查了他的身体。而他所描述的外星人的样子，与十多年前希尔夫妇所描述的非常类似。

不过，沃尔顿虽然进行了几次程度不同的催眠治疗，但每次都只能想起最近一个小时内发生的事情，而剩下的却一片空白。因此，连催眠术也无法帮他找回那丢失的 100 多个小时的记忆。

为什么这些被外星人劫持的人都会丢失一部分记忆呢？大多数专家认为，当事人被劫持的那一瞬间，会受到突如其来的惊吓，迅猛而强大的刺激会让大脑皮层处于被抑制的状态，因此压制住了有关的记忆。事后，当他们进行催眠治疗时，治疗师所给予的刺激则刚好相反，能让他们被抑制的那部分大脑皮层活跃起来，找出之前的记忆。

这种看法强调的是，被劫持者是自己“丢失”记忆的，并非被外星人做了手脚而失去记忆的。

当然，也有相反的看法认为，也许是外星人对被劫持者施加了催眠术，或者是利用了其他更神奇的科学、医学手段，而让被劫持者失去了那段时间的记忆，为的就是保护外星人的身份不被泄露，而地球上的心理专家又把被劫持者的这些记忆找了回来。

但不论记忆的丢失是基于主动还是被动，我们不得不承认，催眠术的力量是强大的，甚至让人感觉有些不可思议。不过，并不是所有人都对催眠术在被劫持事件中的作用持肯定态度。问题焦点在于，那些自称被外星人劫持的人在催眠状态下所陈述的所谓“事实”，真的是事实吗？的确发生过吗？

一般认为，催眠只是一种方法，心理治疗师在觉得情况允许的时候使用这种方法，为那些因为某种原因而出现记忆障碍的人消除掉这种障碍，从而使被催眠者回想起曾经失去的部分记忆内容。从这个角度来说，被催眠者所陈述的确有其事，也就是说，他们的话是可以相信的。

然而，并非所有人在催眠状态下说出的话都百分之百可信。有研究者指出，催眠的过程是通过强烈的暗示进行的，在催眠师的暗示下，被催眠者进入了一种精神上的松弛状态，可是他们并没有失去主动意识。也就是说，在被催眠的过程中，他们知道自己的情形，也知道发生了什么。在这种情况下，很可能出现一个妄图哗众取宠的骗子，他用自己编造的故事来牵着催眠师的鼻子走。

而且，人在催眠状态下，非常容易受到外界的影响，如果催眠师提出一些引导性的问题，被催眠者就会跟着这些问题走，那么很可能出现这种情况：当催眠师问被劫持者“你是不是见到了一群奇怪的人？他们是不是都身穿黑色的衣服。他们是不是将你带入一个大房间中？”时，被催眠者很可能跟着这种引导而回答“是”。

事实上，催眠师在治疗过程中通过暗示来引导被催眠者的现象是非常多的，这就足以让人怀疑催眠结果的真实性。因为被催眠者可能主动编造故事，而催眠师也可能主动引导被催眠者编造故事，这些因素都是不可控的。甚至有专家犀利地指出，有的催眠师或者被催眠者本身就是UFO的“发烧友”，所谓的劫持事件也是他们自己虚构出来的。

但是，这一说法却不能解释所有事件，比如“贝蒂·希尔事件”。希尔夫妇进行催眠治疗的时间是1962年，那个时候，不管是研究劫持事件的人，还是他们夫妇俩人，对于所谓的外星人劫持地球人的事件根本没有什么认识，或者说他们压根不相信也想不到还会有这种事情。据研究资料显示，这样的事件在希尔夫妇身上是第一例，那么，所谓的自我编造和催眠暗示引导在他们身上便不能成立了，反而是一种被称为“错误记忆”的心理现象更值得讨论。

“错误记忆”也被称为“幻想性记忆”，它是一种在潜意识中出现的幻觉。也就是说，这种幻觉藏得很深，不易被判断出其真实性。

1979年，一些心理学专家选出了16名12~63岁的人来进行催眠试验。这些被试者对UFO毫无认知，而且也没有过被劫持的经历。在催眠状态下，专家要求他们想象一下被神秘的外星人劫持的情景。

试验结果令人大吃一惊。这些被试者中有超过一半的人在催眠状态下想象出了一个被外星人劫持的经历，连细节都描述得非常到位，而且这些内容与曾经的被劫持者在催眠状态下所描述的内容大致相似。因此研究者断定，这就是所谓的幻觉，它是人的感觉与意识活动的产物。

可是人们为什么会出现这样的幻觉呢？没有人能够解释清楚。

美国心理学家罗伯特·贝克曾经指出，基于文化和传说的背景，从中古世纪以来，人们就经常编撰出一些被劫持的故事来满足倾听者或阅读者的好奇心。那些故事大同小异，无不是惊险刺激，且与如今被劫持者所描述的故事有着惊人的相似之处。因此，他认为，所谓被外星人劫持，不过是那些具有高度想象力的人所做的白日梦罢了。

还有人认为，那些自称被外星人劫持过的人，都是一些心理变态的人，而他们所谓的劫持经历，不过是因为精神病变而引起的幻想罢了。因为研究显示，那些患有精神分裂症的人常常能够听到一些并不存在的声音，或者看到一些不存在的景象，我们将之称为“幻听”和“幻觉”。

不管是幻听还是幻觉，患者的感受都是非常真实的，这也说明，这些声音和景象并不是来自外界，而是来自患者自己的头脑。有研究者认为，这种病的起因是神经元在胚胎发育期间出现了问题，然而潜伏了下来，直到患者成年的时候才发作，不过这种发病原因却无人能解释清楚，直到现在还是个谜。

然而，大多数心理学家并不支持这种观点，因为他们的调查结果表明，那些被劫持者的精神是完全正常的，只有极少数的人患有精神方面的疾病。

也有人怀疑，那些自称被劫持的人多年前可能做过脑部的外科手术，而被劫持的记忆不过是关于在医院中做手术时的变相记忆而已。

美国的一些 UFO 研究专家认为，我们不能把所有的被劫持者的记忆都说成是幻觉，想想看，那些由两个或两个以上的人同时经历的事件，比如希尔夫妇，难道能说这两个人同时出现了幻觉，而且幻觉的内容都是一样的吗？

另外，专家通过实验还证明了一些东西。比如在真实的劫持事件中，当事人都有一些起码的共同特征，即他们都不是自愿与外星人接触的；而且在“偶遇”外星人的过程中都受到了不轻的惊吓，以至于丢失了一部分记忆；他们的身体和精神都受到了一定程度的损害，会出现噩梦、健忘等现象。而那些被确定是出现幻觉的被劫持者则没有以上这些特征。

最后需要提及的是，一些研究者怀疑，劫持事件根本就是由美国中央情报局“导演”的，因为有报道说，中央情报局已经研制出一种高端的技术，他们可以通过微波作用于人的大脑，进而控制人的意识和行为。

这种说法又能否站得住脚呢？

作为一种非常短的电波信号，微波能够被大脑所接收。为了证明微波在大脑接收之后是否能够有效地控制人类的思考和感觉，中央情报局曾做过很多实验。据说，美国在这一领域的研究开始于20世纪30年代，但无论是实验结果还是数据资料都作为绝密资料封存，外界很难了解其中详情。因此，人们无法证实被劫持事件和中央情报局之间是否存在必然的联系，但无论如何，这种可能性是不能被排除的。

[外星人的真面目]

著名的费米悖论

在天文望远镜、探测器以及各种宇宙飞船的帮助下，我们对宇宙的了解越来越深，尤其是与地球休戚相关的太阳系。目前，太阳系中的各颗行星几乎都被宇宙飞船考察过，对于其他离地球很远的行星，科学家也想出了很多办法来进行观测，如接收它们可能会传来的无线电波，或通过望远镜中恒星的图像对其进行进一步的分析，然而始终没有发现其他天体上有外星人存在。

1950年的一天，物理学家费米在和别人讨论有关外星人以及飞碟的事情时，突然说道："他们都在哪里呢？"这句话就是著名的"费米悖论"。"费米悖论"可以从两个方面理解：一是如果外星人存在的话，从理论上来说，按照现有宇宙飞船的速度，人们是可以在100万年的时间内到达银河系各个天体的。也就是说，要是外星人比人类进化早100万年的话，那么外星人就应该来到地球上了，而外星人的智商以及科技水平都要远远地高于人类，他们可能在地球某个地方过着类似于隐居的生活。二是外星人是不存在的，因为直到目前为止，人们还没有发现关于外星人存在的证据。

如果说外星人真的存在的话，外星人的科技又比人类发达很多，那么外星人是很有可能征服地球或者其他天体的，然而地球至今还没有被殖民。也许是外星人不想征服其他天体，但是他们对宇宙就不好奇吗？

如果好奇的话，那么至少也会进行大规模的星际探索吧？如果是这样的话，为什么我们看不到他们？即使他们属于高等文明，也是要在宇宙中存在一段时间的，在那段时间内，人们应该能找到关于他们存在的痕迹，然而至今还没有观测到他们的存在。

科学家发现，像地球那样的行星，几乎每颗恒星周围都会存在一颗或者一颗以上，而地球这颗行星既然会有生命存在，那么其他行星也有可能。而且目前科学家在火星、月球等天体上还发现了液态水的痕迹，水是生命之源，有水的地方就可能存在智慧生命，那么宇宙怎么会这么安静呢？为什么这么久以来也没有一个外星邻居前来拜访地球人呢？

根据“费米悖论”，人们对这种现象进行了解释。有人认为这可能是因为文明具有自我保护的能力，当发展出能够与其他文明进行接触的技术时，这个技术就会很快因为文明的自我保护而毁坏，文明自身会拒绝其内部存在能够与其他文明接触的技术。这种想法多出现在科幻小说中，如《黑暗森林》一书中指出，各文明为了自己的文明能够传承下去，而与其他文明互相躲避，会用各种办法来隐藏自己的痕迹。要是这个说法成立的话，那么科学家通过各种手段都检测不到文明的信号也就情有可原了。当然，还有一种可能是宇宙中智慧文明并不多，当其发展能够突破智慧文明的局限时，那么文明就会启动自我保护的能力将其毁灭。

事实上，技术虽然给我们带来了极大的便利，但也带来了一些毁灭性的问题，如核武器战争、意外的病毒感染、纳米技术灾难、机器人失控等，这些技术文明在某种程度上具有很强的毁灭性，因此，世界末日可能不用等到太阳成为红巨星，而是当技术文明发展到一定程度时就会到来。

按照这个说法，如果有一天人类的文明发展到能够突破限度时，就会遭到毁灭。如果这样的话，文明究竟还要不要延续下去呢？当然，这只是一种猜测，也许这种所谓的文明之说根本就不存在。

著名科学家霍金认为，人类总有一天会开启殖民外太空的进程。因为很明显，地球不能永远作为人类的家园，地球上的各种资源无法满足人类长久的需求，所以人类需要向其他星球扩张，而要进行扩张就要解决很多技术上的难题。如果有一天，人类终于能够向外扩张了，那么会不会迎来技术文明的自我毁灭呢？

总之，“费米悖论”让人不安，但也许这个理论只是个错误的理论，在科学领域，错误理论成为主流思想的不在少数，但最终都难逃被纠正的命运。就算当今，这样的理论也不少，只是目前我们还不能对此彻底否定。换句话说，我们不会放过任何可能，我们就是在不断地出错、改错中认识宇宙，了解宇宙甚至征服宇宙的。

碳基生命与硅基生命

元素周期表中一共有 118 个元素，不同的元素相互组合形成了不同的物质，不同的物质组成了我们这个丰富多彩的世界。然而有机生物常常是由五六种元素组成，其中最主要的就是碳元素。可以说，没有碳，地球上的生命将不复存在。碳以蛋白质、脂肪、DNA 等形式存在，而这些都是组成生命的重要部分，包括人类的躯体都是以碳元素为主。地球上生物的生命基础是碳，因此称为碳基生命。

地球只是宇宙中最普通不过的一颗行星，地球上的生命属于碳基生命，那么别的星球上的人也是碳基生命吗？宇宙中究竟有没有外星人，如果有的话，他们的生命是什么形态呢？是以什么组成的呢？有些科学家认为，如果外星人不是碳基生命的话，那么很有可能是硅基生命。在元素周期表中，碳元素和硅元素属于同一族，两者在化学性质上有很多相似之处，如 1 个碳原子和 4 个氢原子能够组成 CH_4，即甲烷；1 个硅原子和 4 个氢原子能够组成 SiH_4，即硅烷。因而科学家才认为既然有碳基生命，那么就有可能存在硅基生命。

最早提出“硅基生命”说法的是天体物理学家儒略·申纳尔，然后是英国化学家詹姆士·爱默生·雷诺兹，他在一次演讲中指出，由于硅化物具有一定的耐热性，能够在高温中保持稳定，所以“硅基生命”是可以在高温环境中生存的。从那以后，科学家便开始积极地寻找可能存在的硅基生命。然而让人遗憾的是，几十年来，科学家从未发现过硅基生命存在的痕迹。但是有科学家提出，在行星的深处可能会发现硅基生命——硅酸盐生命。

碳和硅两种元素都能组成聚合物，如碳和氧聚合成聚缩醛，硅和氧聚合成硅酮等，所以说看起来硅似乎能够代替碳组成生命，那么硅酸盐生命也是很有可能存在的。但是与碳基生命不同的是，硅基生命看起来很有可能像是晶体那样，甚至可以看到生命体内透明的结构。

但是硅基生命的提出却遭到了很多人的反对，而且他们还给出了相应的理由：碳基生命会吸入氧气，同时将体内多余的废弃物质——二氧化碳呼出去，然而硅基生命要是吸入氧气，就会形成二氧化硅，而二氧化硅很容易形成晶格变成固体，而不是像二氧化碳那样的气体，所以说硅基生命如何进行呼吸就成了难题。

按照我们的理解，只要是生命形态，就需要吸收能量才能存活下去。碳基生命通常以碳水化合物的形式储存能量，碳水化合物可以在某些条件下进行氧化反应释放能量，废弃物则形成水和二氧化碳；而硅基生命不能用碳水化合物之类的形式来储存能量，也没法释放能量。但这些都是按照我们对于生命的理解来解释的，事实上，很有可能硅基生命是不需要进行呼吸的。

硅基生命看起来比碳基生命更高级，因为硅基生命不惧真空，损伤部位就像机器零件一样可以替换或者更新，保留信息和传递信息很方便。另外，硅基生命不需要空气，所以比碳基生命更加适应宇宙的生存环境。

按照科学家的猜测，生命是可以有多种形态的：一是以蛋白质、DNA 等有机形式存在的碳基生命或者与其类似的生命；二是以能量的形式存在的生命；三是以电波形式存在的生命；四是以信息形式存在的生命；五是人造的“生命”，可以与外界交换信息、需要能量支撑，但不像碳基生命那样需要进行新陈代谢，如电脑。我们所使用的电脑是用硅作为芯片的，要是电脑能够进化，或者成为智能电脑，就变成了“生物”，有人认为硅基生命是可以直接把光能转化为电能的，对此目前科学家正在进行试验。

从目前的情况来看，要找到硅基生命，希望很渺茫，但是硅基生命在小说、电影中是经常出现的，如斯坦利·维斯鲍姆在《火星奥德赛》一书中描述了一个硅基生命有 100 万岁，并且认为它的废弃物是砖石，所以不久后它身边全都是砖石，把它自己都埋没进去了，因而它只好不断地移动位置。科幻小说《安德的游戏》中的“虫族”就有可能是硅基生命。

正是基于此，有人认为硅基生命有一天也许会替代碳基生命，一开始可能大脑仍是碳基生命，但躯体属于硅基生命，然后慢慢演化为硅基生命，不过这种事情即使发生，也将会是在很远很远的未来。

寻找外星人

地球是宇宙中最普通的一颗行星，也是最特殊的一颗行星，说普通是因为宇宙中的行星不计其数，说特殊是因为地球是宇宙中目前已知唯一有生命的天体。地球上之所以存在生命，是有其客观条件的，如果宇宙中的其他天体也有相应的客观条件，就有可能存在生命。虽然天体中存在生命的概率非常小，但基数是几千亿，所以说外星人的存在是非常有可能的。

有人假设可能存在两种生命形式，一种是人类，一种是外星人。两者诞生的时间不一样，因而导致其文明发展的程度也不一样。如果外星人的文明程度比人类高，那么也许就会有不安寂寞的外星人去探索宇宙，就像地球人寻找外星人那样，他们也会派出飞船去宇宙中寻找别的文明。

还有一种可能是，当文明到了相当高的阶段时，突然，一颗小行星撞在了他们生活的星球上，其生存环境被破坏了，就像地球上的史前灾难一样，不过他们所面临的更加严峻，他们全消失了，然后星球上就会有其他生命形式接替他们，一个新的文明由此慢慢兴起了。这并不是不可能的，如我们所在的地球上不就曾经发生过恐龙灭绝的事情吗。

人类对于外星人的猜想一直没有停止过，尤其是在人类登上月球后，登月宇航员说自己在月球上见到过外星人，以后外星人的话题再次成为讨论的热点。

为了尽快找到外星人，人们进行了许多试验。据了解，目前已利用传播范围最广、最快的电波实施了 50 多个搜寻外太空电波信号的计划，但令人遗憾的是，尽管人类搜寻电波的范围一再扩大，然而还是搜寻不到一点电波信号。后来，人们制造了宇宙飞行器、探测器，不断地到各种天体上进行检测。

在探索外星人的热潮中，表现最积极的要数美国。美国在 1972 年和 1973 年，先后发射了“先驱”10 号和 11 号、“旅行者”1 号和 2 号宇宙飞船，其中“旅行者”1 号和 2 号飞船上还各携带了一张唱片，这张唱片里面包含了 60 多种语言的问候语、35 种地球自然音响、27 种世界名曲，据说还有一份美国总统卡特签名的电文，上面写着：这是一个来自遥远的小星球的礼物，它是我们目前的音乐、科学、想象等的缩小版，希望你们能够了解我们的情况，或许有朝一日，我们能够一起解决所面临的困难，成为银河系里的友好邻居。从这段电文中不难看出人们对于发现外星人的渴望，但是卡特总统的愿望恐怕还落空了。

按照计划，“旅行者”1 号、2 号飞船的速度目前是每年约 5 亿千米，它们不停地向前飞，最后会因为电力耗尽而关闭所有仪器。在这个过程中，如果飞船能够遇到外星人，或许他们能够破译唱片的内容，然后会知道在宇宙的某颗行星上，具有智慧的人类期待着与他们合作。不过有人觉得，与外星人合作是不可能的，因为即使有外星人存在，他们也不可能飞抵地球，因为宇宙实在太大了，星体之间的距离实在太远了。

美国著名天文学家卡尔·萨根认为，在宇宙中差不多有2000亿颗恒星，其中会有像地球那样的行星，数量多达100万颗，也就是说，其他行星是有可能存在智慧生命的，而且有些会比人类文明更加先进。因此，萨根认为，其他星体上可能会存在外星人，但是他认为目前有关外星人的各种信息都是不可信的，尤其是各种与外星人相遇的信息。萨根认为，现在这些信息中都是把人类掌握的科技用在外星人身上，而且根据的是声称自己见到过外星人的人的描述，所画出来的外星人图像都与人类很相似，然而宇宙那么大，生命进化的过程又千差万别，不可能见到的外星人都与人类有相似的外表，仅此一项就很令人质疑。另外，外星人居住的星球离地球很远，不可能每天都会有外星人前来访问地球，但是怎么会有那么多人在不同的时间和外星人频繁相遇。但是萨根也承认，目前发生了许多无法解释的事情，所有的证据都指向外星人，但是究竟是不是外星人所为，还有待进一步考察。

其实，对于外星人存不存在这个问题，在没有发现确凿的证据之前，只能是仁者见仁、智者见智，因此期待人们能够早点发现外星人以解此之谜。

外星人的存在形式

从目前来看，科学家还没有找到能够直接证明外星人存在的证据，但是间接证据发现了不少，如不能用自然形成解释的各种建筑物，所以说外星人是很有可能存在的。那么，外星人会以什么样的形式存在呢？科学家提出了以下几种猜想。

外星人是人类的祖先：很久以前，有一批外星人开始进行星际考察，原本像地球这样的小行星并不在其考察计划之内，但是有一天，由于某种原因，他们突然来到了地球这颗行星上。他们发现地球环境很美，十分适宜居住，但很快发现由于地心引力的作用，他们很难适应地球上的生活，即使他们拥有较高的智慧、很强的科技能力，也还不足以改变地球的地心引力，无奈之下，只好放弃了在地球上居住的想法。后来，他们想办法创造了适宜地球生活的种类，慢慢地就演变成了今天的人类。而那些外星人则继续向着宇宙进行深入探索，再也没有回来过，或者说也曾回来过，但没被人类发现。

居住在地球内部的外星人：传说在神秘的地球内部有着无数的洞穴、隧道和迂回曲折、纵横交错的地下长廊，走廊上悬挂着一些外星人的图像，或者雕刻着很奇怪的图案，在这里生活着一群比人类更加高级的外星人。除此之外，还有传言称在地球内部隐藏着无数的财富，所以人们从来没有放弃过对地球内部的探索。1946 年，英国科学家威尔金斯在《古代南美洲之谜》一书中写道：在地球内部各个地方都存在着由史前文明人开辟建造的“地下王国”，而如今这些地下王国很可能成为外星人居住的地方。

据说德国探险家冯·丹尼肯曾经进入了一条神秘的隧道，隧道中有着宽阔的走廊、装饰精致的墙面，隧道中各个门也很精致，大厅非常宽敞，面积有两万多平方米，隧道内到处都是不明来历、不知如何使用、不知其名的奇怪物品，这些物品看起来并不像是人类使用的，其中还有类似于UFO的飞船存在，甚至他还在大厅深处看到了一副神秘的尸骨，很像是人类的尸骨，但是又有着很多不同之处。

再往里，是个神秘的石洞，漆黑一片，探险家取出火烛试图照亮石洞，让他吃惊的是，当火烛进入石洞后，他便再也看不到亮光了，但是他真真切切地感觉到自己手中的火烛柄，他缩回手，发现火烛又出现了。真是怪异的现象，这个石洞好像具有非常强的隐藏能力。探险家想，这里或许有外星人存在，他们不想人类发现，所以才制造出了这个石洞。这位以大胆著称的探险家在走出隧道后拒绝透露关于隧道的更多内容，但是他指出这个隧道很有可能是外星人用人类还不知道的技术开凿成的。

地球内部温度非常高，有炙热的岩浆，人类在其中如果不借助高级设备是很难生存的，但是外星人不一样，他们很有可能是硅基生命，不畏炎热、不畏真空，所以能够适应地球内部的环境。

与人类一起生活的外星人：科学家认为，外星人可能就在我们的周围，我们在日常生活、工作中常常会遇到他们，只是不知道他们是外星人罢了。有人称自己用新式辐射照相机拍摄的照片中，发现有些人的脑袋周围有种光晕，这种光晕有好几种颜色，很有可能是由他们大脑发出的射线形成的，然而当他试图再进行拍摄时，照相机里他们的身影瞬间就消失了。

有人猜测，外星人在漫长的岁月中逐渐变得和人类一样，有着相同的皮肤、相同的眼睛、相同的形体、相同的语言，他们隐藏在人类中，小心翼翼，所以至今还没有科学家发现外星人的存在。有人担心，要是外星人真的在地球人周围，那么人类的安全应如何保证呢？不过就目前来说，外星人对人类还是很友好的。

四维空间说：人类生活的地球是个三维空间，而外星人则可能生存在四维空间，而四维空间是人类所不能理解的。于是有人认为，因为外星人可能生活在四维空间，所以他们才会有各种“超能力”，身体部位坏了后可以像换机器零件那样替换，能够用手撕开空间，能够瞬间穿越，他们还有各种令人匪夷所思的高科技产品，如 UFO 等。外星人之所以不出现在地球上，也许是因为外星人之间有个协议，即不干扰三维空间的秩序。四维空间有着人类所不能了解的隐藏方式，就像暗物质那样，虽知道它的存在，却无法发现它。虽然签署了不干扰的协议，但是仍有少量外星人不遵守协议而出现在地球上，由于协议的制约，他们不敢光明正大地出现在地球上，因而才小心翼翼地隐藏自己。

外星人生活在平行宇宙中：很多人在仰望星空时会想，宇宙中是否真的有另一个我？他是否和我有着相同的处境？我的烦恼，他也有吗？有人认为，目前我们所处的宇宙也许并不是唯一的，而是另有一个或者多个同类的空间存在，它们就像是两个平面一样彼此平行，虽然彼此间联系很少，但并不是完全隔绝的。那个宇宙和我们所处的宇宙可能在物理、化学定律方面相同，但是文明发展程度却不相同，那个宇宙中可能是更加高级的文明，而外星人就生活在那里，机缘巧合下，外星人便能够乘坐飞船来到我们这个宇宙。当然，很有可能外星人已经发展到可以随时在两个宇宙间来往，只是目前我们还未发现而已。

以上就是几种比较流行的关于外星人存在形式的猜想。神秘莫测的外星人让人们产生了无限遐想，也许有一天人们见到外星人后，却发现与想象中的完全不一样，但这些都要靠时间去验证。

外星人是未来的地球人吗

随着发现外星人的事件越来越多，人们逐渐发现在与外星人的冲突中，外星人并不像想象中的那么完美无缺、不可战胜，虽然人类的文明比外星人低很多，但是在面对外星人时并不是没有胜算。这是否能够说明，外星人也在不断地进化，就像是人类由类人猿进化而来，然后朝着更加高级的方向进化，外星人也是如此，等到他们进化到极致时，是否地球人就再也不会是他们的对手了？

这时有人认为，既然两者都是需要进化的，那么有没有可能地球人是外星人的初级进化阶段，而外星人是未来的地球人呢？

根据那些被外星人绑架的人所描述的情景来看，外星人大致可以分为两类：一类是侏儒型，一类是巨人型。从目前的案例来看，侏儒型的外星人较多。根据科学家目前的研究，人类很有可能朝着两个方向进化，一是越来越矮，成为一个“矮胖墩”。科学家甚至还用电脑合成出了未来地球人的形态，看过的人都说简直是“惨不忍睹”，也有人说这不就是外星人的模样吗？之所以会朝着侏儒型的方向发展，是因为随着时代的发展，人类会逐渐制造出各种机器人来代替自己去劳动，到时人类可能就不需要进行劳动了，因此劳动能力会越来越低，但是智能却会越来越高，由于手脚等不常用就会产生退化，久而久之，就会成为一个侏儒。

二是越来越高，成为巨型人。在外星人中很少看见巨型人，很有可能是因为这些巨型人在外星人中地位崇高，如有个人被外星人绑架后被送往一个实验室里，实验室里有很多侏儒型的外星人，那人惊慌之下拼命挣脱，却被侏儒型外星人牢牢抓住，这时突然来了一个巨型外星人，身穿金属服装，只见额头处闪过一道光，然后那些侏儒型外星人便放开了他。他跟着巨型外星人走到外面，然后通过某种方式被送回了地球。

研究人类的发展历程后可以得知，古代人的身高相比现代人要低很多，那么，未来的地球人也许极有可能比现代人要高很多。另外，人类似乎越来越精明了，精神上也比古代人要强很多，未来的地球人将会更加智能。从这一点来看，外星人中的巨型人确实非常符合地球人的演化结果。

其实，现在很多人都已经把外星人当作未来的地球人了，因为他们非常渴望能够拥有外星人那样的能力，而且他们坚信，人类早晚有一天也会拥有这些能力的。外星人之所以比我们高级，是因为他们存在的时间更久，文明更加高级，假设人类有足够的时间，那么人类文明也会向着高级文明的方向奔去。

科学家从外星人的外貌、形态等推断，外星人很有可能是未来的地球人。那么，如果这事是真的，你希望自己有外星人那样的样貌吗？希望拥有外星人那样的能力吗？

[超科技的 UFO]

难以理解的飞行物

2006年6月24日、26日两天，在中国的乌市、奎屯、乌苏、塔城、呼图壁5个地方都出现了不明飞行物（UFO）。这个现象很是异常，很快便引起了UFO爱好者的注意，自从24日起便有不少爱好者直接驱车去五个地方，希望能够一睹UFO的风采。

最先发现UFO的是奎屯市市民徐胜。在24日这天晚上，大概23点，徐胜正在街边和朋友聊天，突然发现西南天空上出现了一个半透明的发光体，发光体的速度很快，朝着奎屯市方向奔来，徐胜意识到这可能就是传说中的UFO，于是赶紧取出手机拍下了照片，这个发光体在天空中出现了不到十秒。几乎同时，乌市也在23点时出现了不明飞行物。据目击者称，这个飞行物和徐胜见到的有所不同，飞行物有四个角，角边缘处很明亮，仿佛四角都装上了一盏明灯。这个飞行物在空中大约持续了一分钟的时间，然后便消失不见了。

呼图壁离奎屯市有着上百千米的路程，但在这天晚上，天空中也出现了不明飞行物，且目击者众多。其中有个出租车司机观察到了不明飞行物从出现到消失的全过程。当时他正把出租车停在路边，打算抽烟解闷，这时远方的天空突然出现了一个像月亮那样的发光体，但司机很快发现发光体并不是月亮，因为发光体只有最中间的物质非常亮，越往四周越暗，飞行物的运动速度很快，转眼间就从北方的天空来到了司机头顶的天空上，然后便消失了，整个过程持续了十几秒。

紧接着，塔城上空也出现了一个不明飞行物，呈放射状三角形，速度非常快，很明亮，在飞行物的照耀下，整个塔城像是笼罩在朦胧的月光中，飞行物自西向东飞过，大约持续了几十秒便消失了。

24 日晚上 23 点发现不明飞行物的地方不少，因而很多人打算在 25 日继续观测飞行物，但是那晚并没有飞行物出现，反而是第二天的 11 点，有人在乘坐公交车时，发现天空中有个月亮大小的发光体在移动，速度非常快。

两天时间内出现了这么多不明飞行物，在 UFO“历史上”还是第一次。对于五个地区先后出现 UFO 现象，中国科学院国家天文台乌鲁木齐天文站党办主任薛济安认为，对于不明飞行物的描述都是根据目击者的言辞整理出来的，但是即使在对待同一个事物时每个人的看法也是有所不同的，再加上目击者的受教育程度、对 UFO 的了解程度等都会影响他们对 UFO 的看法。基于以上几个原因，他判定不出这些不明飞行物到底是何物。

不明飞行物指来历不明、性质不明，飘浮在天空中的物体，也被人称作 UFO，而 UFO 又常常被人当作外星人所使用的飞碟、飞盘等。从 20 世纪 40 年代开始，美国人在天空中发现了不明飞行物，当地报纸把它称作“飞碟”，是因为其形状看起来很像碟子，但是后来所发现的很多不像碟子的不明飞行物也称作飞碟，因为“飞碟”这个说法已经得到了世人的认可。事实上，不明飞行物在古代就出现了，沈括的《梦溪笔谈》中就有关于不明飞行物的记录。

迄今为止，世界上绝大多数国家都曾经发现过不明飞行物，不少人还自发地组织起来成立 UFO 研究团体。不明飞行物形状千奇百怪，出现时的场景也不相同，速度也各有差异，因而很难将它们归类，不过对于它的起源，目前科学家给出了很多种说法。

第一，关于不明飞行物最主流的起源之说，就是这些 UFO 是外星人制造的飞行器。事实上，我们平时所说的都属于这一种。

第二，UFO 是种天气现象，是由于奇特的气候条件形成的。

第三，错把其他已知的物体当作了 UFO。曾发生过把飞机灯光、阳光反射物以及人造卫星、火箭、海市蜃楼、流星、云块、降落伞等当作 UFO 的事情。美国空军曾经对 12 618 件目击 UFO 的案件进行调查，结果显示，目击案中至少有 80% 左右的人是错误地把已知物体当作了 UFO，甚至还有人弄虚作假、制作欺骗人的假照片。

第四，心理现象，即有些人看到的 UFO 可能只是幻觉、幻影，是在大脑中虚构出来的，正所谓心里有什么，看到的就是什么。

在现实生活中，我们常常会遇到一些解释不了的事情，尤其是科学都无法解释的事情，这时我们就会认为这件事是外星人所为，但宇宙是非常神奇的，即使经过上百年的探索，人类对宇宙的了解仍是非常有限的，所以说不要把所有科学无法解释的事情都归到外星人身上。

从目前已知的 UFO 案例来看，绝大多数案例资料都是由一些 UFO 爱好者填写的。这些爱好者没有经过专业的训练，不懂得如何判断眼前的不明飞行物究竟是不是 UFO，这样就给探索 UFO 现象带来了一定的困难，也导致了目前已知的 UFO 案例中绝大多数都是假案例。但是其中也有不少具有价值的资料和照片，所以说作为一个 UFO 爱好者，要提升自己的专业知识水平，这样才能做出比较正确的判断。另外，人们发现，在 UFO 案例中，很少出现天文学家或者 UFO 研究专家。这是因为这些人具有基本的天文学素养，能做出正确的判断，所以才不会把自然现象当作 UFO。

最近有科学家提出，UFO 的出现可能跟自然现象“精灵闪光”有关。物理学家科林－普莱斯认为，雷雨天气会出现闪电现象，闪电刺激了天空中的电场后，就会产生一种被称作“精灵闪光”的光亮，而且精灵闪光经常会快速前行或者旋转飞奔，这样的话，从地球表面看起来，就像是有不明飞行物在闪闪发光。

但是也有科学家认为，不能排除 UFO 跟外星人有关。99% 的 UFO 现象都得到了合理的解释，剩下的一部分是骗局，一部分是造假，不过也许会有一部分是真实的，但谁也无法肯定。

因此，UFO 迄今为止仍是世界未解之谜之一。

UFO 为何多为碟形

1947 年 6 月 24 日，美国飞行员肯尼思·阿诺德说自己在飞行时曾经发现很多不明飞行物，这些飞行物大都是碟状的。阿诺德是个经验丰富的飞行员，知识渊博、智慧超群，所以他的话可信度很高。

按照阿诺德的说法，在 24 日那天，他驾机升空主要是为了寻找一架失踪的运输机。本来他是按照既定路线飞行的，但是没有结果，于是他索性随意地飞。就在这时，他遇到了另一架飞机，这架飞机在他身后，但是他发现这架飞机的旁边有个闪着白光的不明飞行物。他本来并未在意，可是不久后，他看到有 9 个碟形飞行物从他的飞机旁经过，飞行物速度很快，他全速前进，仍被远远地甩在后面。

阿诺德把这件事报告给军方，军方认为可能是阿诺德出现了幻觉，或者是海市蜃楼，但是阿诺德认为自己所见到的是真实存在的。阿诺德发现不明飞行物的事情传播开来后，立即有不少人表示，他们也曾看到过这种碟形的飞行物，如美国联合航空公司的机组人员也发现了这 9 个碟状的不明飞行物。

阿诺德事件掀起了人们对于不明飞行物的关注热潮，自那以后，经常会有新闻报道什么地方什么人发现了不明飞行物，不过很奇怪的是，按照绝大多数人的描述，他们所发现的不明飞行物都是碟形的。这点让人很是奇怪，难道说是外星人故意将不明飞行物制造成碟形的？那么为什么要制成碟形，而不是其他形状呢？

我们目前能够经常看到的飞行物大部分是飞机，有人认为飞碟要是制造成飞机的样子，就不可能有现在的速度，因为飞机转弯是需要时间的，而且速度越大，需要的转矩就越大。若做成碟形则不需要转弯，能够瞬间转变方向。前方有障碍物时，飞碟也可以在短时间内将飞行方向改为后退，而不用像飞机那样左转弯或右转弯来改变方向。而碟形要转弯，只需要旋转一定角度就可以了，因此具有很强的机动性。飞碟可以垂直升降、悬停或倒退，而且还能高速飞行，时速是现在的飞机远远不能达到的。

下面来看看飞碟之所以为碟形的其他说法。

仿生学说：雷达的发明就是仿生学的功劳。蝙蝠在飞行时会释放出一种超声波，这种声波遇到障碍物就会反弹回来，这样蝙蝠就可以知道前面有障碍物，就会躲开，但这种超声波人类是听不到的。后来人们根据蝙蝠的这个特点制造了雷达，如今雷达的运用范围是非常广泛的，如在航空领域等。因此，就有人猜测碟形飞行物是根据鱼形仿生的，鱼是流线型，在水中游泳能够克服阻力，另外碟形飞行物的颜色跟鱼也很像，外星人生存的星球上一定也有鱼或者类鱼生物。流线型能够减少阻力，在飞行时可以飞得更快，也有利于节省燃料，所以外星人将飞行物制作成碟形。

反重力说：人类之所以能够站在地球上而没有被甩出去，就是因为重力的作用。重力等于质量乘以物体的加速度，当物体的速度不变时，其重力大小取决于物体的质量，质量越大重力越大。而反重力系统则是施加给物体一个反作用力，当重力和反重力达到平衡时就能使物体悬浮在空中。有人认为碟形飞行物能够在一定的转速下产生反重力的力场，达到平衡，减少对燃料的消耗。

空间限制说：外星人建造飞碟的目的就是为了在宇宙中飞行，而且一飞就是几十光年，因此不可能按照普通速度去飞行，那样的话就太费时间了。因此，有人猜测外星人可能掌握了穿梭时空隧道或者其他能够高速飞行的办法，但是要达到这个速度是要受一定限制的，其中一个就是空间限制，因此外星人把飞行物制造成碟形的样子。

自我保护说：飞碟能够做到时隐时现，有时人的肉眼可以看到，但是雷达却侦测不出来；飞碟能够 360 度无死角地发射武器，这样的话，即使遭遇四面埋伏的情况，也能够有一定的自保能力，而且即使在敌不过的情况下也能全速逃脱。

另外还有一种说法是，目前人们看到的不明飞行物大多数都是碟形的，因而人们也就想当然地认为UFO就是碟形的。有人认为，也许这些碟形UFO只是外星人所使用的劣等飞行器，也许有一天人类发现外星人时，会惊讶地发现外星人的飞行器并非只有碟形，而是还有其他形状，碟形在所有形状中是最不出色的等。

关于UFO的碟形之因还有很多种说法，这些说法看上去都有一定的道理，但是目前又得不到确认，相信在科学家的努力下，谜底早晚会被揭开。

凤凰山事件

我们从新闻、报纸上看到的绝大多数UFO事件发生在美国及欧洲国家，但是在我们中国也发生过多次UFO事件，其中以“凤凰山事件”最为特殊、最为轰动。这次事件，按照《与UFO的五类接触》中的标准，属于第三类接触，即与UFO距离很近，看清了UFO里的情景，但这样的距离难免会让人出现不适应或者不正常的反应。

说起“凤凰山事件”，就要从凤凰山林场职工孟照国开始讲起。凤凰山林场位于黑龙江省五常市境内，孟照国在林场工作多年，对林场的环境非常熟悉，事件发生的那天，他正在林场工作。突然有人惊呼起来，说是在凤凰山南坡看到了一个不明飞行物，此人还称自己曾多次看见这个不明飞行物围绕着林场飞行。孟照国本来把此话当作无稽之谈，但是见他说得如此认真，于是便决定去看看。

1994 年 6 月 6 日，孟照国和一个亲戚前去查看这个 UFO。凤凰山南坡是个陡峻的斜坡，很难爬，再加上又是夏季，孟照国额头上很快便出现了大颗大颗的汗珠，但远远地就能望见 UFO 了，孟照国很兴奋，于是加速前行。在距离 UFO100 米左右时，孟照国看到 UFO 就像是一只巨大的蝌蚪，等他们再靠近一点，这个巨大的蝌蚪竟然发出声来，仿佛在警告他们不要靠近。此时，孟照国身体已经出现了一些不适应，腰带上有金属扣的地方晃动不已，在这种情况下，孟照国没有办法前行，只好和亲戚原路返回，并将所见所闻告诉了林场的同事和领导。

6 月 9 日，领导决定派人去查看 UFO，这一次去了 30 多个人，大多数都是林场的职工。他们在距离 UFO 约 100 米处停下来，拿出望远镜仔细查看，然而除了孟照国外，其他人什么都没有看到。孟照国边看边详细地描述，那巨型的“蝌蚪”还在那里，在前面有个穿着金属服装的外星人，金属服装在 UFO 的光照下显得流光溢彩。孟照国看见那个外星人突然拿出一个小盒子放在手心，这个小盒子发出一道光，朝着他的眉心而来，然后孟照国觉得眼前一亮，就昏了过去。

看到孟照国昏迷，领导急忙组织大家将孟照国送往林场医务室。孟照国虽然在昏迷中，但是他的身体却在不断地抽搐，而且力量很大，足足 6 个人才强行将孟照国压住。孟照国清醒后，说自己见到了外星人，然而其他人却说没有见到，他们说的都是实话，透过望远镜，他们确实什么都没看到。林场医生检查后发现，在孟照国的眉心处有个伤口，经检测这个伤口是因为高温而形成的。医生的话似乎成了孟照国见过外星人的证据，大家面面相觑，不知如何是好，最终，领导让孟照国好好休息，这件事先就这样。

孟照国休息了很多天，身体逐渐恢复了，但在恢复身体的那些天也发生了一件奇怪的事情。7 月某天，孟照国站在门外敲门，家人很奇怪，因为孟照国很早就睡了，而家人去孟照国房间时却发现他不在屋内。家人更感到奇怪的是，屋门是锁着的，窗户也从里面锁住了，孟照国是怎么出来的呢?

孟照国遭遇 UFO 的事件很快便流传开来，不久后，中国 UFO 研究会派人来到凤凰山林场进行了详细缜密的调查，希望能够对这次事件有一个合理的解释。他们调查的重点是孟照国，但是也没有忽略对其他人的调查，根据林场职工以及孟照国的朋友和邻居的反映，孟照国是个诚实守信、正直善良的人，他不可能撒谎说自己遇到了 UFO。

但这次调查并没有得出明确的结论，随着科学的发展和 UFO 事件出现得越来越多，人们似乎更倾向于认为宇宙中存在着外星人。

空中火车事件

火车，是我们经常乘坐的交通工具，但我们知道火车只会在陆上轨道行驶，如果有人说曾经见过火车在天空中飘浮着前行，那么我们一定会认为这是个冷笑话，但是“空中火车”是真实发生过的。与“凤凰山事件”齐名的就是“空中火车事件”，它们也被誉为中国境内发生的两大 UFO 事件。

1994年11月29日，如果不是这晚发生了“空中火车事件”，那么和以往的黑夜也没有什么不同。沙石场老板兰德荣正在沙石场看着白天刚开采出来的沙石，以免晚上又有人前来偷沙石。那些人真是非常可恶，兰德荣想，要不是因为这些人，他现在一定在家里暖暖和和地睡着了。沙石场并非只有兰德荣一人，他的妻子也在这里。

30日凌晨3时左右，天公不作美，开始下起小雨来，同时不知从哪儿传来了沉闷的声音，等到声音足够响的时候，兰德荣才意识到这声音跟火车行驶时的声音相似。听声音，这火车好像是朝着沙石场而来，他抬头望了下天空，瞬间惊呆了，于是急忙喊醒自己的妻子，妻子迷迷糊糊地醒过来，也被眼前的景象惊呆了：只见天空中出现了一个巨大的火车头，后面是连绵不断的车厢，看不到尽头，火车头发出耀眼的光，其中还有一束光照耀在沙石场上，让沙石场看起来如同白昼一样。兰德荣惊慌失措，他不知道下一刻将会发生什么。

妻子比兰德荣要镇定很多，她下床将门边的一根铁棍抓在手中，要是火车真的撞上门来，她就跟“它”拼了。然而铁棍好像并不踏实，在她手中摇晃不已，好像下一秒就要飞出去，她使出全身力气才勉强让铁棍没能挣脱出去。另外，她还看到屋内几乎所有的金属物品都在摇晃不已，有些质量轻的物品已悬浮起来，慢慢地朝屋顶飞去。这现象很像是空中有个大磁铁，然后这些物品都朝着磁铁的方向飞过去。

紧接着，门外传来物品被撕裂的声音，很沉闷，像是所有的物品瞬间被撕裂了，因为如果只有一件物品被撕裂的话，声音应该是清脆的，兰德荣认为沙石堆可能坍塌了。然而，等空中火车消失后，兰德荣走出屋子，才发现沙石堆并没有坍塌，那些声音可能是来自别处。

事实上，沉闷的撕裂声是从林场传来的。林场职工说，晚上他曾看到天空中出现了一个像火车的巨大飞行物，火车头发出耀眼的光芒，其中有一束光照耀在林场周围，接着不久后，他便听到了沉闷的撕裂声。

第二天，林场职工去查看林场时，惊讶地发现林场的树木遭到了摧毁。起初职工以为是有人盗伐树木，或者纵火焚林，但是等他在林场走了一圈后，便彻底否定了这种看法：大片大片的树木被折断，有的像是被焚烧过一样，甚至还出现了灰烬，数百亩的树木都被拦腰折断，损失的商品木材有 2000 多立方米。

“空中火车事件”发生在贵州省贵阳市，发生的时间在深夜，当时很多市民都睡着了，但是据说有不少人在半夜被一声沉闷的声音惊醒。“空中火车事件”流传到外省地区后，全国各地的 UFO 研究专家便不远千里前往贵州，希望能够亲眼看见林场究竟是如何被摧毁的。看过之后，专家们说法很多，其中得到大多数人认可的说法是：林场是被空中火车等类不明飞行物摧毁的。

有些专家认为，那些被拦腰折断的树木很有可能是空中火车撞上去造成的，如果不是空中火车造成的，那么还有什么力量能够在短时间内摧毁这么大面积的树林呢？还有专家认为，在 11 月 30 日这天，很多地方出现了日全食现象，此时地球、太阳、月亮处在一条直线上，外星人可能在趁这个时间观察地球，因而发生了“空中火车事件”。

后来，又有不少科学家、UFO 专家等前来林场考察，虽然最终都没有给出明确的结论，但是这些专家和科学家都认为很有可能是 UFO 造成的。

适合做 UFO 基地的地方

地球上发生的 UFO 事件很多，也很频繁，不过难道这些 UFO 都是刚刚经过一番跋涉才来到地球上的吗，还是说它们在地球上有基地？从目前的情况来看，很明显后者更符合现实情况。

在中国的一些发达地区、人口聚集的地方，很少有人见过 UFO，而在西北地区，如内蒙古、新疆等地经常会有人发现 UFO 的踪影，这是否能够说明 UFO 的基地就在人烟稀少的荒漠地区呢？不然为什么 UFO 常常会降落在那里呢？

法国著名飞碟研究专家亨利·迪朗经过多年的研究和考察，将自己的所见所闻和所思都写在了《外星人的足迹》一书中。迪朗在书中写道："目前已有大量的事实证明，在海洋或者大漠深处等渺无人烟的地方都是 UFO 降落的好地方，只有这些地方才能使外星人更好地隐藏自己，因而 UFO 爱好者从来不会在市区寻找 UFO。从目前已知的 UFO 案例中可以看出，绝大多数发生地点都是海洋或者沙漠地区。"

1979 年 9 月 20 日，有不少爱好者在距离塔克拉玛干沙漠不远的地方，用望远镜观察着沙漠的上空，希望能够一睹 UFO 的风采。这一晚，UFO 真的出现了。映入眼帘的是一个橘红色的飞行物，月亮般大小，圆形，中间部位很亮，然后向四周逐渐减弱，速度非常快，在望远镜中几乎是刚出现就消失了，但是仍然有爱好者拍摄到了照片。从照片上看，不可能是飞机，因为形状很不像，再加上飞行速度非常快，因而爱好者认为这就是 UFO。

世界各地的荒漠地区都曾发现过 UFO 出现的踪迹，如撒哈拉沙漠等。

有人认为外星人之所以来地球，一是想抓个地球人做实验，因此出现了很多被外星人绑架的事件；二是寻求资源。我们都知道，一个种族要想生存下去，必定需要大量的资源，如我们人类就需要大量的水资源，如果将来水资源匮乏了，人类很有可能到其他星球上去寻找水资源，而外星人也是如此。只是不知道他们寻找的资源和我们所需的资源是否相同，如果相同的话，那么地球上的资源是不是就会被外星人抢走呢？人类目前毕竟还没有足够的能力与外星人相抗衡。在做这两件事时，外星人会主动回避地球人，即使接触，也会将见面人数降到最低，而在探寻资源时，会尽量避免遇到地球人。因此，他们要想建立基地，最合适的地方除了黄沙飞扬的大漠深处，就是广阔无边的海洋世界。

有不少目击者称，他们曾经见过 UFO 从海底冲出来，或者冲入海底，每次出现都会掀起巨浪，他们甚至在同一个地点多次发现 UFO 升起或降落，所以这个地点的海底深处很有可能存在着外星人的基地。

目前所知，飞碟最频繁出入的地方是百慕大三角区。百慕大三角区被称为“飞机的坟场”，经常会有飞机在这里失踪，就连海面上的渔船也会突然消失，有些国家发射的导弹在经过这个地区时也会突然间消失得无影无踪，人们多次组织力量前去搜索失踪物，但都没有收获。每年都有大量的爱好者前来百慕大三角区，因为这里常常能看到飞碟的身影。

在百慕大三角区海底下，人们还发现了不少庞大的建筑物，还有两座金字塔。埃及的金字塔之谜至今尚未解开，有人认为是外星人所建，而海底的金字塔也很明显不是人类建造的。那些庞大的建筑物，以人类目前的科技发展水平，恐怕要近百年才能建造出来。飞碟频繁出入，海底存在不明来历的建筑物，飞机、渔船经常失踪，把三者联系起来，人们就会很自然地认为海底存在着外星人的基地。

泰坦尼克号与 UFO

Rose：Jack，我爱你！

Jack：别那样，不说再见，坚持下去，你明白吗？

Rose：我很冷。

Jack：听着，Rose……你一定能脱险，活下去……生很多孩子，看着他们长大，你会安享晚年……安息在暖和的床上，而不是在这里，不是今晚，不是这样死去，明白吗？

Rose：我身体已经麻木了。

Jack：赢得船票……是我一生最幸运的事，让我可以认识你，认识你真荣幸，万分荣幸，你一定要帮我，答应我活下去，答应我，你不会放弃……无论发生什么事，无论环境怎样……Rose，答应我，千万别忘了。

Rose：我答应你。

Jack：不要食言。

Rose：我永不食言，永不食言，Jack。

以上是电影《泰坦尼克号》中的经典对白，这部电影中的“泰坦尼克”号是有原型的。“泰坦尼克”号号称当时世界上最大的豪华客轮，耗资7500万英镑，吨位为46328吨，而且因为体积十分庞大，遇到风浪时也不用害怕，因而有人称它为“永不沉没的客轮”。

1912年4月10日，“泰坦尼克”号开始了它的第一次航行，从英国南安普敦到美国的纽约。当时，全世界的人都在等着这艘船首次出航成功，但是让所有人没有想到的是，在4月14日晚23点40分，“泰坦尼克”号在北大西洋因为失误而撞上冰山，船身被撞出一个大口子，海水大量灌入，由于船头灌水后比较重，结果船从当中折断，在4月15日凌晨2点20分沉没，当时船上并没有足够的救生艇，再加上海水很冷，结果导致一千多人葬身海底。这是最广为人知的一次海难。

“泰坦尼克”号不是号称“永不沉没的客轮”吗？那么它为什么会在首次航行时就沉没呢？难道真的是因为撞到了冰山而沉入大海的吗？有些科学家并不相信“泰坦尼克”号是因为撞上冰山而沉没的，他们一直在寻找其他证据，直到海洋勘察人员挖掘出了已经沉睡在大西洋底70多年的“泰坦尼克”号。

科学家在考察“泰坦尼克”号残骸时，发现船的前右部有个直径近一米的大圆洞，看起来像是撞到冰山上形成的，其实不然，圆洞看起来很规整，就像是用工具加工、磨砂过的。要是由冰山撞击出来的话，不可能这么平整、光滑，至少会给圆洞周围留下痕迹，或者让船身出现裂痕，然而这些都没有，因此很让人费解。科学家认为这个圆洞很有可能是被功率强大的激光束击穿的，唯有如此才能解释为什么这么光滑整齐。

既然不是因为冰山撞击导致的沉没，那么是因为什么呢？美国《旧金山纪实报》记者手中的一份绝密档案为研究沉没之谜指明了方向。档案中这样写着："根据幸存者的证词，在海难发生的时候，他们中的某些人正在甲板上观看大海，发现远处的大海中似乎出现了一些忽明忽灭的'鬼火'，这些鬼火看起来像是出现在某一艘船上。"

这个说法得到了"加利福尼亚者"号船长洛尔德的证实，当时他所驾驶的船就在"泰坦尼克"号附近，他清楚地看到了那些"鬼火"就像是幽灵船似的，慢慢地撞上了"泰坦尼克"号。这艘幽灵船撞上"泰坦尼克"号后很快便消失了，因此，一些人将"泰坦尼克"号的沉没归咎于这艘幽灵船。

科学家在水底拍摄了很多"泰坦尼克"号残骸的照片，结果他们在照片中发现了一些奇怪的发光体，而他们在拍摄时并没有发现周围有什么其他发光体。科学家认为这可能是某种会发光的深海鱼，但是后来科学家对这些照片进行更详细的分析时才发现，这些发光体并不是深海鱼，而是来历不明的发光体。这些发光体很像是飞行中的UFO，但不是碟形飞行器，而是像一个手电筒那样的聚光体。

因此，科学家认为"泰坦尼克"号并不是因为撞击冰山而沉没的，而是因为遭遇了"幽灵船"的撞击，而这艘幽灵船很明显不是人类所能建造的，最好的解释就是外星人建造的。

人类与 UFO 的冲突

很多人都相信外星人是非常友善的，至少目前还没有发现外星人伤害人类的事情，其实，外星人与人类之间早已发生过多次冲突，双方发生战斗的次数也很多，之所以未见报端，就是为了避免引起人类恐慌，因而选择了保密。但世上没有不透风的墙，人们还是能够发现一些蛛丝马迹的。

1957 年 7 月 24 日，苏联军队正在千岛群岛进行军事演习，一时间岛上炮声不断，尘土弥漫，这时，天空中突然出现了一个三角形的飞行物，飞行物速度非常快，很快就来到正在空中参加演习的飞机机群前面不远处，正在演习的士兵被这种情况惊呆了，所有人都傻傻地望着这个不明飞行物。但这时，飞行物突然朝着最前面的那架飞机喷出一团火焰来，飞机很快便燃烧起来了。飞机上的飞行员紧急跳伞逃生，其他飞行员见状，立刻朝着蓝天高处飞去。

负责演习的指挥官很气愤，演习还没怎么着呢，一架飞机就这样报销了。于是他下令让所有的炮弹朝着飞行物轰击，刹那间，天空上飞满了炮弹，然而即使所有的炮弹一起发射，仍然不能触及不明飞行物，只见它悠闲地转了几个圈，然后很快闪到了火炮的射程外，不久后便从人们的视线中消失了。由此可见，人类现阶段的科技能力还是不能与外星人的科技能力相抗衡啊！其实，这个结局还算是好的，有的部队和不明飞行物交火后，结局就是一个“惨”字。

据说，一支苏联部队驻扎在越南地区，那里有个苏联的导弹基地。一天晚上，一个盘状的不明飞行物来到了基地上空，飞行物只是安静地停在空中，并没有表现出敌意。但是基地的指挥官却觉得这个飞行物给基地安全造成了很大威胁，于是下令朝飞行物开火，不明飞行物马上使用类似于激光的武器进行还击，转眼间，这支部队就不见了，仿佛凭空消失了一样。

相比这支部队，美国的一支部队就幸运多了。1966 年，驻扎在越南南方的美军也遇到了不明飞行物。当时正好是晚上，很多士兵聚集在广场上看电影，士兵们看得很认真，因为这几乎是他们唯一的娱乐方式了，所以广场上除了电影声和风声就再也没有别的声音了。然而电影看到一半时，突然传来细微的轰鸣声，士兵们很恼怒：这个时候谁来打扰他们看电影呢？等他们回头时却呆住了，只见天空中有一个正在缓慢移动的不明飞行物，速度很慢，但这个飞行物突然加速向广场俯冲过来，并发出了耀眼的光，使得整个广场亮如白昼，但过了几秒，这个飞行物便消失了。

士兵们面面相觑，正打算回过头继续看电影，却发现飞行物又折回来了，当时基地已经有两架飞机发动起来了，眼看就要向前冲，但是飞机突然间停在那儿动不了了。但这次飞行物前来并没有给基地带来什么损失，这大概是因为美国人没有挑衅飞行物吧，假设那两架飞机真的跟飞行物交上了火，恐怕结局就得改写了。

从上述几个案例中可以看出，人类在面对不明飞行物时好像总是讨不到好处，其实不然，在与外星人的冲突中，人类并不一定都处于下风。

海湾战争中，美国空军就曾与飞碟交过手。当时，美国空军的 4 架飞机正在执行任务，突然雷达上显示出一个可疑的目标，目标在雷达上一会儿出现，一会儿消失，于是一架飞机便脱离团队，独自去追逐可疑目标，等离目标近些时发现，这个可疑物体像是飞碟。当与飞碟的距离在射程范围内时，飞行员便发动武器攻击，但是飞碟都轻易地躲闪过去了，飞行员凭借自己高超的驾机技术继续靠近飞碟，然后发射了两枚导弹，结果击中了飞碟，飞碟爆炸。后来，军方派人寻找飞碟的残骸，发现飞碟所使用的材料是地球上没有的材料，当时，这个飞碟已经无法再恢复使用了，因为最核心的部位恰好被导弹给炸掉了。

1992 年，美国海军曾遇到了两个飞碟，飞碟直接向海军开火，外星人所使用的武器类似于激光，威力很强大，使美国海军损失惨重。美国军方愤怒之下派遣了飞机追击飞碟，在交火中，击中了一个飞碟，飞碟负伤逃走。美国军方认为飞碟可能并没有逃远，于是派遣飞机和战舰在空中和海上展开搜索，并且派遣潜水员潜入水中，结果在百慕大海底发现了飞碟。

潜水员利用刀具费了半天劲才从飞碟最薄弱的地方打开缺口，等潜水员进入后，被里面的情景惊呆了：里面有 8 具外星人的尸体，最里面的一间有 1 具，估计是这个飞碟的指挥官；机房有两具，主要是负责操作飞碟的；另外一间有 5 具尸体，估计是普通外星人。8 个外星人身高都差不多，穿着薄薄的金属外衣，虽然是金属制造的，但是很柔软，据估测，这些外星人可能正在等待救援，因为旁边有个不明物正在闪烁着光芒，看起来像是在发求救信号。据说后来这 8 具尸体被保存在美国著名的 51 区。

当然，外星人与人类的冲突恐怕还有更多，既有很多没有被记录的，也有很多没有解密的。未来，随着人类科技水平的不断提高，或许会发现更多的外星人，与外星人的冲突也会加剧。但是人类是爱好和平的，总会找出合适的方式与外星人交往。不过目前来看，当我们遭遇UFO时，还是谨记UFO专家的话吧：不要不自量力地想着与UFO抗衡，否则将付出难以承受的代价。

[人类的宇宙探索史]

超级望远镜与古老的宇宙

从人类开始探索宇宙时，天文望远镜就成了不可缺少的工具之一，因为人的眼睛能够看到的范围是有限的，如果我们想看到天上闪烁的星星的表面，就需要天文望远镜的帮助。事实上，目前人类对宇宙的认识和了解大都是建立在观测基础上的，毕竟人类能登上去的星球很少。

宇宙有多大，目前还没有定论，但是科学家通过推测得知宇宙中有上千亿个星系，其空间之大，让人无法想象，于是人类只能靠着制作更加高级的望远镜来观测。为了加深对这个古老宇宙的了解，人们还专门制作了许多超级望远镜，下面我们先来介绍第一架天文望远镜是如何制作成功的。

17 世纪初，在荷兰的米德尔堡有一个心灵手巧的眼镜制作者，名叫利波塞。利波塞很有童心，小孩子们都很喜欢跟他打交道。这天，有两个小孩来到他的店里玩耍，他给了小孩几个报废的镜片，其中一个小孩一手拿着凹镜片、一手拿着凸镜片，当小孩把两个镜片放在一起时，奇迹发生了，原本在远处的物体突然出现在眼前。小孩吓了一跳，还以为碰到怪物了，他把这件事告诉了利波塞，利波塞便用纸卷成一个长圆筒，然后把凹镜片和凸镜片放在里面，世界上第一架望远镜就这样制作出来了。

当时，伽利略正苦恼于看不清远处星体的面貌，当他听说望远镜的故事后，便让学生前去打听，学生把打听到的事情详细地告诉了伽利略，伽利略便在家里忙碌了一夜，终于制作出了一架能够放大3倍的望远镜。在以后的时间里，伽利略不断地研究望远镜，望远镜能放大的倍数也在逐渐增加，8倍、20倍、30倍。伽利略利用能够放大30倍的望远镜查看了月球崎岖不平的表面，发现了木星的4颗卫星。伽利略把自己通过望远镜所看到的情况告诉人们，很快望远镜便流行了起来。

如今，伽利略制作的望远镜已经很少用了，因为人们又制作出了很多超级望远镜，这些望远镜为人类探索宇宙立下了汗马功劳。目前已知的超级望远镜有以下几种。

在美国威斯康星州威廉斯湾有个叶凯士天文台，该天文台的圆顶上有一架40英寸口径的折射望远镜，这架望远镜是在1897年制作完成的，迄今仍是世界上最大口径的折射望远镜。

在美国波多黎各岛的碗形山谷中，有一个世界上最大的雷达观测台，叫作阿雷西博天文台。该天文台最大的反射面直径达300多米，能够接收来自宇宙其他星体的无线电波，也能够向其他星体发射无线电信号。

哈勃太空望远镜可以说是最有名气的望远镜之一了，它是以科学家哈勃的名字命名的，建立在环绕地球的轨道上，这架望远镜在地球的大气层上方，因而在观测宇宙的时候不受大气的影响。哈勃望远镜在1990年发射之后，就成了科学家最常用的仪器之一，很多重要的发现都是用哈勃望远镜发现的。

在太平洋的夏威夷岛上也有一架天文望远镜，叫作凯克望远镜。这架望远镜建立在莫纳克亚山上，这里海拔很高，人迹罕至，而且天气很好，因此有许多望远镜建立在这里，凯克望远镜只是其中之一，不过也是目前最大的望远镜之一。

众所周知，望远镜观测能力的大小与其口径大小有着很大的联系，但是口径又不能无限地扩大下去，最好的办法就是用一些镜片组合成大口径的望远镜。凯克望远镜就是利用这种原理制作的，主镜片由 36 块口径较小的镜片组成，在使用这种望远镜时，36 个镜片的相对位置必须保持一致，计算机会在一秒内将镜片排列好，且误差很小，因而科学家能够很方便地使用这架望远镜来观测。这种由镜片组合而成的望远镜，可以说是望远镜领域的一次革命，通过这种方法建造大倍率的望远镜就简单多了。

目前有天文学家小组正在建造一种超级巨大的望远镜，按照他们的说法，这种望远镜由世界各地的多台射电望远镜以及一台超级电脑组成，因此可以将它称为虚拟望远镜。其工作原理，是世界各地的射电望远镜可以同时对宇宙的某一地点进行探测，由于位置不同，它们所采集到的信息也会有所不同，然后通过超级电脑对这些信息进行处理，便可以提高射电望远镜的分辨率。

经过调查发现，如果两架相隔数千里的射电望远镜同时对一个地区进行探测，那么它们就相当于一个口径是二者距离的超大射电望远镜，其分辨率非常高。

虚拟望远镜中各个射电望远镜之间的距离都很远，但距离越远，分辨率越高，所以虚拟望远镜的分辨率比世界上任何天文望远镜都要高，据说是哈勃望远镜分辨率的 3000 倍。目前，有科学家利用这种虚拟望远镜捕捉到了 30 亿光年之外的星体发出的射电信号。

可以说，没有望远镜的诞生和发展，就没有人类对宇宙的认识和了解，缺少了这些望远镜，人类便不能有今天这样的成就。随着科技的发展，望远镜的性能也在不断地改进，望远镜能够观测的距离越远，天文学的发展速度就会越快。

人造卫星上天

目前，世界上只有少数几个国家拥有成熟的人造卫星技术，而在浩瀚的宇宙中，也有着数量可观的人造卫星在运行。这些卫星能够为人类的各方面带来便利，如用来考古时，从沙海茫茫的撒哈拉沙漠中找到了在几十万年前就已经湮没了的大河。按照用途可以将人造卫星分为以下几类：

科学卫星：这是目前最主要的一种用途，很多国家发射人造卫星就是为了研究太空、地球磁层、太阳辐射、太阳黑子、月球等。

技术试验卫星：顾名思义，这种卫星就是进行新技术试验的卫星。目前各国展开了激烈的航天竞赛，在这个过程中，会提出很多新原理，产生很多新材料、新仪器、新技术等，为了确保这些都能够在太空中适用，就需要在天空中进行试验；有时为了检测新卫星的性能，也需要进行试验；在载人航天飞行之前，往往会先进行动物航天试验等。由此来看，技术试验卫星所进行的项目是多种多样的，可以说，技术试验卫星是人类征服宇宙的第一步。

应用卫星：这类卫星是直接为人们提供服务的卫星，是目前种类最多、数量最多的卫星，如通信卫星、气象卫星、导航卫星、商业卫星、定位卫星、地球资源卫星等。

其他卫星：截至 2012 年，世界各国总共发射了约 6000 个航天器，其中包括 5000 多颗人造卫星，剩下的就是空间探测器、宇宙飞船等，由此可见，人造卫星在航天器中占据主导地位。下面我们来介绍一下我国第一颗人造卫星“东方红”1 号。

1970 年 4 月 24 日，“东方红”1 号卫星搭乘“长征”1 号运载火箭顺利进入太空中的指定位置，绕着地球运转，其最远的位置距离地球有 2384 千米，最近的位置距离地球则小于 500 千米，绕地球一周大概需要 114 分钟。卫星还在太空中播放《东方红》乐曲。这颗卫星是由我国自主设计的，具有非常重要的意义。

早在 1964 年就有科学家写信给周恩来总理，希望能够尽快展开人造卫星计划，这个建议得到了众多科学家，如钱学森、竺可桢等的认同。人造卫星计划很快便开始实施，1965 年 9 月，中国科学院开始组建卫星设计院，当时的总设计师是钱骥，他带领着众多科学家商议卫星设计的各种方案，并对每种方案都进行了详细的考证，在一次次提出、否决、再提出的过程中，设计方案逐渐成熟、完善起来，同时也确保了卫星的各项指标能在国际上力争一流。

当时有个非常有名的音乐舞蹈史诗叫《东方红》，给人们留下了非常深刻的印象，因而科学家决定卫星的名字就叫“东方红”。1967 年，科学家确定卫星第一次播送的歌曲就是《东方红》。

几乎所有的人造卫星都离不开模样、初样、试样和正样的研制阶段，“东方红” 1 号卫星也是如此。当时我国在人造卫星技术方面还没有什么经验，所有的一切都要自行摸索，艰难程度可想而知，但是科学家甘于吃苦、艰苦奋斗、群策群力，最终克服了一个又一个的难题，成功制造出了第一颗人造卫星。

“东方红” 1 号卫星在酒泉发射场成功发射，一切正常，卫星与火箭分离正常，卫星准确进入了预定轨道。

1984 年 1 月 29 日，我国成功发射了第一颗通信卫星。1984 年 4 月 8 日，成功发射了一颗静止轨道试验通信卫星“东方红”2 号，“东方红”2 号的发射成功，使我国成为当时能够自行发射地球静止轨道通信卫星的 5 个国家之一。

可以说，从发射第一颗卫星“东方红” 1 号以来，我国在卫星技术上一直不断地进步，空间技术进入了一个新的时代，取得了非常卓越的成就。我国目前已发射的卫星系列包括返回式遥感卫星系列、“东方红”通信广播卫星系列、“风云” 气象卫星系列、“实践” 科学探测与技术试验卫星系列、地球资源卫星系列、北斗星导航卫星系列等六大卫星系列。

现在来看一下世界各国发射的比较有名气的人造卫星。

“史泼尼克” 1 号卫星：这是第一颗进入地球轨道的人造卫星，这颗卫星是苏联自行设计的，于 1957 年 10 月 4 日在拜科努尔航天中心发射成功。那个时候美国和苏联正处于“冷战” 阶段，可以说“史泼尼克” 1 号卫星震撼了美国人。从那以后，美国也开始着眼于宇宙，与苏联的太空竞赛由此开始。

“辛康” 1 号卫星：这是世界上第一颗地球同步通信卫星，在 1963 年 2 月 14 日于美国的卡纳维拉尔角发射场发射上天，成功进入预定轨道。这颗卫星呈圆柱体，由传感器、指令接收、收发装置、远地点发动机、数据传输天线等组成。这颗卫星的发射成功，表明美国在空间技术上能够与苏联一较高下。

KEO 卫星：这颗卫星与其他卫星有所不同，是一个直径为 80 厘米的中空球体。制造这颗卫星的是法国的 KEO 组织，这颗卫星搭载当今人类留给未来人类的书信以及光碟等，大约在 5 万年后重返地球。为了确保卫星能够在太空中保留 5 万年，卫星必须能够抵抗宇宙射线、返回地球时的冲击等，因此使用了非常可靠的材料来制造。同时，设计者也充分考虑了 5 万年后的落地情景，即卫星很有可能会落在海洋中，因而设计师将它设计为可漂浮于水面的卫星。可以说这颗卫星是非常有意义的，同时由于 KEO 卫星的双翼形象，人们就把这颗卫星称作“未来考古鸟”。

如今，人造卫星的分类越来越多，卫星的作用也逐渐细致化，越来越多的卫星具有专一性和专业性，相信在不久的将来，仍会有大量的卫星飞上太空，为人类做出更加卓越的贡献。

宇宙中的“代步工具”

宇宙是浩瀚无边的，目前还没有发现比光速更快的速度，所以人类要进行宇宙探索，就要有代步的飞行器，而这种飞行器一般就是飞船。飞船的运行时间短则几天，长则数月，而且飞船上的航天员不多，一般为两到三个。

在人类探索宇宙的过程中，随着科技的发展，人们制造飞船的能力在逐渐提升，飞船的种类也逐渐增多，现在我们来介绍一些“有名的”飞船。

“东方号”飞船：“东方号”飞船是由苏联设计的，比较简单，重实用，是最初常见的一种飞行器，由乘员舱、设备舱及末级火箭组成，长约7米，重约6吨。乘员舱呈球形，里面只能搭乘一人，外面覆盖的是耐高温的材料，能够隔绝5 000℃以下的温度。乘员舱有三个舱口，一个是宇航员出入用的，一个是返回时宇航员乘降落伞的地方，还有一个是连接设备的地方。宇航员坐在乘员舱里可以观察外面的情况，而且乘员舱里还有一种救急装置，在发生紧急情况的时候可紧急弹出脱险，下降到一定海拔后，降落伞会自动张开，保护宇航员安全回到地面。设备舱是顶锥圆筒形，设备舱会在返回大气层时与乘员舱自动分离，永远留在太空中。

“水星”飞船：这艘飞船是美国第一代载人飞船，耗时将近5年，耗资4亿美元，总共进行了25次飞行试验，其中有6次是载人飞行试验。“水星”飞船的主要目的是克服载人空间飞行的难题，把地球上的飞行员送到地球轨道，然后绕着飞行几圈，之后安全返回地球。在这个过程中，宇航员要适应太空中的失重环境，同时还要进行一些试验。

“水星”飞船内部只能乘坐一人，理论上，这种飞船最长能够飞行两天，后来在载人飞行试验中，最长的一次是34个小时。飞船总长约3米，重约1.5吨。飞船采用了当时最先进的自控系统，为了保险起见，还有两种手控方式作为备份。宇航员只需要在必要的时候使用手控方式，其余时刻完全可以交给自控系统。

“双子星座”号飞船：这艘飞船在1965年至1966年间进行了10次载人飞行，其主要目的是为了确保飞船顺利进入太空、对接以及载人试验等。这次载人飞行为“阿波罗”号飞船载人飞行提供了宝贵的资料。“双子星座”号飞船由座舱和设备舱组成，座舱又可分为密封和非密封两部分。宇航员乘坐在密封舱，这个舱里还有其他控制设备、废弃物处理设备等，当然还有少量的食物和水；非密封舱里放了降落伞等设备。设备舱可分为上舱和下舱，上舱主要是放置制动发动机，下舱主要是放置通信设备、燃料等。另外，设备舱还有个作用就是可做空间热辐射器。设备舱会在冲出大气层后被抛掉，宇航员会和座舱一起落在地球。

“阿波罗”号飞船：在飞船史上，“阿波罗”号飞船无疑是名气最大的。“阿波罗”计划是人类第一次登月的伟大计划，从1961年5月开始，到1972年12月才结束，目的是为了把宇航员送到月球上，并且对月球进行考察。这艘飞船由三部分组成，即指挥舱、服务舱和登月舱。

指挥舱是飞船的控制中心，为了节省原料，这里也是宇航员工作的地方。指挥舱可分为前舱、宇航员舱以及后舱三部分，前舱主要是放置各种设备的，宇航员舱是密封的，主要是放置必需品以及救生设备，后舱则装有发动机、仪器、船载计算机等。

服务舱的舱体为圆筒形，前面与指挥舱相连。

登月舱可分为两部分，即上升级和下降级。上升级是登月舱的主体，由座舱、返回发动机、推进剂贮箱、仪器舱和控制系统组成。座舱里可以容纳两名宇航员，里面有导航、通信等多种设备。下降级由发动机、着陆腿和仪器舱组成。

中国“神舟”系列宇宙飞船：从 1999 年开始，中国先后发射了“神舟”1 号至“神舟”10 号宇宙飞船，这些飞船奠定了中国在航天领域的大国地位。“神舟”1 号飞船是中国载人航天工程的第一次飞行试验，标志着中国正式跨入了航天大国的行列，具有非常重要的意义。“神舟”5 号飞船是在 2003 年 10 月 15 日 9 时整从酒泉卫星发射中心发射的，飞行时间为 21 小时，绕地球 14 圈。飞船首次增加了故障自检系统以及逃逸系统，逃逸系统能够帮助宇航员在遇到障碍时通过逃逸火箭而脱离险境。杨利伟是中国“飞天第一人”，当年搭乘的就是“神舟”5 号飞船。

“神舟”6 号飞船是在 2005 年 10 月 12 日 9 时发射的，飞行时间达 115 小时 32 分钟，绕地球飞行 77 圈。“神舟”6 号飞船仍为推进舱、返回舱、轨道舱的三舱结构，这艘飞船可以搭乘 3 名宇航员，可以一船多用。宇航员返回后，轨道舱还可以继续使用；返回舱的直径很大，比目前已知最大的返回舱直径还大 0.3 米。另外，飞船的安全性能很高。这次执行任务的宇航员是费俊龙和聂海胜。“神舟”7 号飞船的宇航员翟志刚首次走出舱门迈入太空，实现了太空迈步，这标志着中国航天事业百尺竿头，更进一步。

2013 年 6 月 11 日 17 时 38 分，“神舟”10 号飞船在酒泉卫星发射中心发射成功，在 13 日 13 时 18 分，与“天宫”1 号目标飞行器成功自动交会对接。中国“神舟”系列宇宙飞船标志着一个航天大国的崛起，是国家实力强盛的标志。

“奥赖恩”号:“奥赖恩”号是目前已知最先进的飞船，融入了计算机、生命支持、推进系统等多方面的领先科技，外形采用圆锥形，这种形状在太空中阻力较小，同时又能最大限度地保证飞船的安全。飞船上还采用了可回收技术，使得载人舱不再是一次性使用，只要落在地面时破损不大，那么就可以重复使用。

另外，值得一提的是“奥赖恩”号的隔热层脱落技术。飞船经过地球大气层时，会产生摩擦，温度非常高，这时隔热层就开始发挥作用，但在冲出大气层后这种隔热层就没有太多作用了，隔热层脱落技术便能够让隔热层脱落，以便实现软着陆。按照计划，“奥赖恩”号飞船于 2015 年飞往国际空间站，2020 年开始登月，大概在 2031 年便可实施下一步的计划——飞往火星。

太空行走

在电影中，我们常常看到超人或者外星人可以在外太空来回穿梭，速度非常快，姿态优雅，很让人羡慕，然而在太空行走是种非常危险的事情，那里处于失重状态，一不小心，恐怕就会永远留在太空中。“太空行走第一人”列昂诺夫在出舱活动时，就遇到了危险而差点回不来。

1965年3月18日，苏联发射了“上升”2号飞船，这艘飞船上载有别列亚耶夫、列昂诺夫两名宇航员。列昂诺夫在舱外环境中活动了12分钟，成为太空行走的第一人。为了安全起见，在飞行前就已经进行了多次试验，并且对可能出现的状况提出了相应的解决文案。但当他系着安全带走出舱门时，让人意想不到的是，麻烦竟来自身上的新型宇航服。这种宇航服有很多层，内衣是由各种管子盘成的，管子内有冷水，能够吸去宇航员身上的热量。然而在走出舱外后，麻烦却出现了。

由于太空中是真空状态，宇航服会在其中膨胀变形，虽然在走出舱门前，列昂诺夫特意用带子绑住了宇航服，但是在太空中行走几分钟后，他发现由于宇航服的膨胀，他已经无法返回飞船了。列昂诺夫明白，时间拖得越久，宇航服会膨胀得越厉害，危害也就越大，所以，他索性调低了生命保障系统的气压，然而慌乱中，列昂诺夫入舱时是先进头、后进脚的，这样就不能关闭舱门了，列昂诺夫拼命旋转着身体，终于将舱门关闭。虽然这一过程只有200多秒的时间，但是对于列昂诺夫来说，仿佛有一辈子那么漫长。这次行走，他的体重减少了5.4公斤，靴子里积聚了大量的汗水。

虽说“上升”2号飞船从地面升空再到返回地面，前后不过26个小时，但宇航员却在这个时间内多次徘徊在生与死的边缘。列昂诺夫冒着生命危险走出舱门，实现了人类第一次在太空的出舱活动，这对人类来说是具有划时代意义的，表明在未来的某一天，也许人类能自如地在太空中行走，就像在地球上行走那样。

从人类第一次在太空中行走至今，宇航员已经实现了上百次的行走，但每次行走仍然摆脱不了特制的宇航服。宇航服有安全带、能提供在太空行走时所需的氧气等，这种特制的宇航服能够最大限度地保护宇航员的安全，以防在太空中飘走，或者因为缺氧而窒息。

对于“太空行走”的定义，美国和苏联有些不同。苏联认为只要宇航员在宇宙真空环境中暴露，那么就算是实现了太空行走，然而美国并不认可这种定义。1965年6月3日，美国发射了“双子星座”4号飞船，这艘飞船上有两名宇航员，即麦克迪维特和怀特。在太空中，怀特打开舱门在舱外行走了21分钟，舱门打开后，他的搭档麦克迪维特也暴露在真空环境中，若按照苏联的定义，麦克迪维特也算是实现了太空行走，然而至今美国也没有把麦克迪维特的名字写在太空行走的宇航员名单里。

第一个在太空行走的女性是萨维茨卡娅。萨维茨卡娅是在1984年7月17日乘坐“联盟”T12号飞船进入太空的，到了太空后，飞船成功地与“礼炮”7号空间站“联盟”T10号飞船联合体对接。后来，萨维茨卡娅在舱外进行了3个多小时的活动，这点令地球上的很多人感到敬佩。

中国第一位太空行走的宇航员是翟志刚。翟志刚当时乘坐的是“神舟”7号飞船，这艘飞船于2008年9月25日在甘肃酒泉发射升空。飞船到达指定位置后，翟志刚在9月27日进行太空漫步，成为第一位进行太空漫步的中国航天员。

人类目前在太空进行活动的时间仍然是有限的，但是不可否认的是，人类在太空行走的时间正在逐渐增加。因此我们相信，人类将来一定能够克服太空行走的种种困难，使太空行走不再是普通人可望而不可及的。

登月竞赛

1969年7月16日，“阿波罗”11号飞船从美国“肯尼迪角”发射场点火升空，这是人类第一次载人登月活动，这艘飞船上有3位宇航员，即阿姆斯特朗、迈克尔·科林斯与巴兹·奥尔德林。1969年7月20日，阿姆斯特朗成为首个踏上月球的人类。正如阿姆斯特朗所说：“这是我个人的一小步，却是人类的一大步。”从仰望月球，到登上月球，这一步跨越了5000年的时间。

就在美国人庆祝登月成功时，人们不禁会想起苏联对探月所作的种种努力，尤其是无人探月技术更是领先美国很多年。

事实上，苏联早就准备登月了，但一直都不怎么顺利，尤其是功勋科学家科罗廖夫突然病逝。苏联登月计划的总设计师是科罗廖夫，N–1火箭是科罗廖夫为了登月计划的顺利实施而制造的大型火箭，但是由于结肠肿瘤，科罗廖夫入院做手术，结果手术未果而病逝。科罗廖夫的去世给苏联的登月计划带来了非常大的影响。后来，由米申来接替科罗廖夫，这之后，苏联人的探月试验受到了挫折。

1968 年，N–1 火箭被发现存在裂缝，于是发射时间推迟到 1969 年 2 月，但是这次发射仍不顺利，火箭搭载的液氧管破裂，火箭升空后不久便爆炸了。听说美国人要在 7 月 16 日发射“阿波罗”号宇宙飞船，苏联人不甘心落在后面，于是赶在美国人前面在 7 月 3 日又发射了第二枚 N–1 火箭，但是遗憾的是，由于疏忽，这次火箭在空中又爆炸了。

这次事故的原因在于液氧涡轮泵破裂，导致推进器底部着火，影响到了 N–1 火箭，加上来自火箭第一级 30 个发动机的推力，火箭不能保持平衡而开始倾斜，倒向发射台，引起大爆炸，几乎将发射装置完全破坏掉。

之后苏联人又在 1971 年和 1972 年发射了第三枚和第四枚 N–1 火箭，第三枚 N–1 火箭发射几秒后，推进器失去控制，开始绕纵轴旋转，导致火箭爆炸；第四枚 N–1 火箭开始与宇宙飞船分离时，内置的 6 个第一级发动机被关闭，然而这时火箭突然绕纵轴旋转，导致推进装置毁坏，然后火箭爆炸，整个过程持续了大约 107 秒。可以说，这四次事故给苏联人带来了沉重的打击，但是从那以后，美国似乎也放弃了探索月球的计划。只是从 2004 年开始，世界才重新掀起了一股探月热潮。

首先是美国表态美国将继续进行登月探索计划，将开发一种新的飞行器，在 2020 年之前将美国人送到月球，并且建立一个永久基地，让宇航员能够长期在月球上居住。

之后欧洲空间局也发布了一项被称作“曙光”的太空计划，按照计划，欧洲将在 2024 年实现登上月球的目标。

然后是日本，计划在 2020 年之前将宇航员送到月球上，并且在 2025 年开发在月球上建立永久基地所需要的技术。

俄罗斯也参与了这次登月热潮，计划在 2025 年实现载人登月，并在 2027 年到 2032 年间在月球上建立一个能够让宇航员长期居住的基地。

而中国早在 2002 年就公布了月球探测的三个阶段：无人月球探测阶段，发射太空实验室和寻找贵重元素的月球轨道飞行器；载人登月阶段；建立月球基地阶段。无人月球探测阶段又可分为绕月探测、月球表面软着陆与月球车巡视探测、月球取样返回。

2007 年和 2010 年，“嫦娥”1 号和“嫦娥”2 号都曾飞越月球，并且绘制了详细的地图。2013 年 12 月，携带“玉兔”月球车的“嫦娥”3 号探测器完成了月球表面软着陆的任务，这使得中国成为世界上继美国、俄罗斯之后第三个在月球表面上独立自主进行软着陆的国家。

很明显，未来的登月竞赛会更加精彩，更加令人难忘。

太空平台——空间站

随着空间技术的发展和成熟，人类逐渐实现了飞往外太空和在外太空行走的愿望，但是人类并不满足于在外太空只做短暂的旅行。为了进一步研究宇宙的奥秘、研究星体的奥秘，就需要在太空中建立一个能够满足人类长期生活和工作的基地，如今这个愿望也在逐渐成为现实。

空间站是一种靠近地球轨道运行，可以让宇航员在其中生活和工作的载人航天器。空间站首先要保证的就是能够长时间运行，其次是满足在其中生活人员的需求。从目前发射的空间站来看，小型空间站可以直接发射，大型空间站则需要分批发射组件，然后在太空中组装成一个整体。

1971 年 4 月 19 日，苏联发射了世界上第一座空间站，即“礼炮”1 号。这个空间站长约 12.5 米，最大直径有 4 米，由轨道舱、服务舱以及对接舱组成，整个形态看起来像是不规则的圆柱形。空间站里有各种观测设备、科学实验设备等，可以与“联盟”号飞船进行对接，对接后的空间大约有 100 立方米，可以容纳好几个宇航员居住。这个空间站在太空中运行了 6 个月，后来因为燃料耗尽而在太平洋上空坠毁。这样的空间站，苏联一共发射了 7 个，其中前 5 个由于燃料、氧气等原因，只在太空中存在了很短的时间。“礼炮”6 号空间站和“礼炮”7 号空间站都曾刷新了空间站载人飞行的天数纪录。

1986 年 2 月 20 日，苏联发射了“和平”号空间站的核心舱，这是一种新型的空间站。“和平”号空间站的运行时间大大超出世人的想象，直到 2001 年 3 月 23 日才在太平洋海域坠毁，总共运行了 15 年之久，成为宇宙探索史上运行时间最久的空间站。运行期间，曾经有 30 多艘载人飞船、60 多艘货运飞船与其成功对接，先后有众多考察组前去访问过“和平”号空间站，科学家在空间站中完成了一万多次的科学实验。“和平”号空间站对探索宇宙做出了卓越的贡献。

苏联在空间站上的成就如此卓越，作为航天大国之一的美国也不甘落后，于 1973 年 5 月 14 日发射了一座名叫“天空实验室”的空间站。空间站全长约 36 米，最大直径接近 7 米，比苏联最大的“礼炮”号空间站直径要大很多，提供的空间也非常大。空间站由轨道舱、过渡舱和对接舱组成，曾先后接待过 27 名宇航员，他们共在空间站上工作了 170 多天。在空间站飞行期间，曾进行了各项科学实验，拍摄了大量的照片，直到 1979 年才在南印度洋坠毁，运行时间达 2249 天。

按照计划，我国将在 2020 年左右建成一座空间站，预计可以运行 10 年以上。初期将建造 3 个舱段，即一个核心舱和两个实验舱，呈“T”字形，中间部位是核心舱，3 个舱段总共有 90 多吨重。等到建成后，将有助于我国进行科学研究以及太空实验，可使我国成为世界上少数几个能够建立空间站的国家之一。

各国之所以兴建空间站，除了能够彰显国家实力外，最重要的一点就是实用、经济。每一次载人航天工程要消耗大量的物力、财力，如果使用空间站，那么载人飞船只需要保留载人的功能就可以了，这样飞船的设计将会大大简化，就是由于这种简化，致使飞船升空时不再需要太多燃料，因此能够大大降低航天费用。另外，空间站运行的时间非常长，目前基本上都可以使用数年。空间站可以随时关闭、启动，即便空间站坏了，也可以在太空中维修、换件等，让空间站能够长久运行，它对宇航员来说，就像是地球上的一个“家”。

未来拥有空间站的国家则可以通过载人飞船直接将宇航员送到太空中，只要空间站物资充足，居住数年都没有问题，这将使地球与月球的往来最终成为常态。所以，空间站必然成为人类探索宇宙史上的一个里程碑。